CorelDRAW X7
标准培训教程

数字艺术教育研究室　编著

人民邮电出版社
北京

图书在版编目（ＣＩＰ）数据

CorelDRAW X7标准培训教程 / 数字艺术教育研究室
编著. -- 北京：人民邮电出版社，2018.10
ISBN 978-7-115-49110-7

Ⅰ．①C… Ⅱ．①数… Ⅲ．①图形软件－教材 Ⅳ.
①TP391.413

中国版本图书馆CIP数据核字(2018)第192144号

内 容 提 要

　　本书全面系统地介绍 CorelDRAW X7 的基本操作方法和矢量图形的制作技巧，包括初识
CorelDRAW X7、绘制和编辑图形、绘制和编辑曲线、编辑轮廓线与填充颜色、排列和组合
对象、编辑文本、编辑位图、应用特殊效果以及商业案例实训等内容。

　　本书内容均以课堂案例为主线，通过对各案例实际操作的讲解，使读者可以快速上手，
熟悉软件功能和艺术设计思路。书中的软件功能解析部分，可以使读者深入学习软件功能。
课堂练习和课后习题，可以拓展读者的实际应用能力，提高读者的软件使用技巧。商业案例
实训，可以帮助读者快速掌握商业图形的设计理念和设计元素，顺利达到实战水平。

　　本书附带学习资源，内容包括书中所有案例的素材及效果文件，读者可通过在线方式获
取这些资源，具体方法请参看本书前言。

　　本书适合作为相关院校和培训机构艺术专业课程的教材，也可作为 CorelDRAW X7 自学
人士的参考用书。

◆ 编　　著　数字艺术教育研究室
　　责任编辑　张丹丹
　　责任印制　陈　犇

◆ 人民邮电出版社出版发行　　北京市丰台区成寿寺路 11 号
　　邮编　100164　　电子邮件　315@ptpress.com.cn
　　网址　http://www.ptpress.com.cn
　　河北画中画印刷科技有限公司印刷

◆ 开本：700×1000　1/16
　　印张：15
　　字数：354 千字　　　　　　　　　2018 年 10 月第 1 版
　　印数：1-2 700 册　　　　　　　　2018 年 10 月河北第 1 次印刷

定价：59.80 元
读者服务热线：(010)81055410　印装质量热线：(010)81055316
反盗版热线：(010)81055315
广告经营许可证：京东工商广登字 20170147 号

前　言

CorelDRAW是由Corel公司开发的一款矢量图形处理和编辑软件，它功能强大，易学易用，深受图形图像处理爱好者和平面设计人员的喜爱，已成为这一领域非常流行的软件。目前，我国很多院校和培训机构的艺术专业，都将CorelDRAW作为一门重要的专业课程。为了帮助院校和培训机构的教师比较全面、系统地讲授这门课程，使学生能够熟练地使用CorelDRAW进行设计创意，数字艺术培训研究室组织院校从事CorelDRAW教学的教师和专业平面设计公司经验丰富的设计师共同编写了本书。

我们对本书的编写体例做了精心的设计，按照"课堂案例—软件功能解析—课堂练习—课后习题"这一思路进行编排，力求通过课堂案例演练使读者快速熟悉软件功能和艺术设计思路，通过软件功能解析使读者深入学习软件功能和使用技巧，通过课堂练习和课后习题拓展读者的实际应用能力。在内容编写方面，我们力求通俗易懂，细致全面；在文字叙述方面，我们注意言简意赅，突出重点；在案例选取方面，我们强调案例的针对性和实用性。

本书附带下载资源，内容包括书中所有案例的素材及效果文件。读者在学完本书内容以后，可以调用这些资源进行深入练习。扫描"资源下载"二维码，关注我们的微信公众号，即可获得资源文件下载方式。如需资源下载技术支持，请致函szys@ptpress.com.cn。同时，读者可以扫描"在线视频"二维码观看本书所有案例视频。另外，购买本书作为授课教材的教师可以通过扫描封底"新架构"二维码联系我们，我们将为您提供教学大纲、备课教案、教学PPT，以及课堂案例、课堂练习和课后习题的教学视频等相关教学资源包。本书的参考学时为60学时，其中实训环节为24学时，各章的参考学时请参见下面的学时分配表。

资源下载

在线视频

章　序	课程内容	学时分配	
		讲授（学时）	实训（学时）
第1章	初识CorelDRAW X7	2	
第2章	绘制和编辑图形	4	3
第3章	绘制和编辑曲线	4	2
第4章	编辑轮廓线与填充颜色	4	3
第5章	排列和组合对象	3	2
第6章	编辑文本	5	3
第7章	编辑位图	4	2

章　序	课程内容	学时分配	
		讲授（学时）	实训（学时）
第8章	应用特殊效果	4	3
第9章	商业案例实训	6	6
课时总计		36	24

由于时间仓促，编者水平有限，书中难免存在错误和不妥之处，敬请广大读者批评指正。

编　者

2018年8月

目　录

第1章　初识CorelDRAW X7.................001

1.1　CorelDRAW X7中文版的工作界面......002

1.1.1　工作界面.........................002

1.1.2　菜单.............................003

1.1.3　工具栏...........................003

1.1.4　工具箱...........................004

1.1.5　泊坞窗...........................004

1.2　文件的基本操作.....................005

1.2.1　新建和打开文件...................005

1.2.2　保存和关闭文件...................006

1.2.3　导出文件.........................007

1.3　设置页面布局.......................007

1.3.1　设置页面大小.....................007

1.3.2　设置页面标签.....................008

1.3.3　设置页面背景.....................008

1.3.4　插入、删除与重命名页面...........008

1.4　图形和图像的基础知识...............009

1.4.1　位图与矢量图.....................009

1.4.2　色彩模式.........................010

1.4.3　文件格式.........................012

第2章　绘制和编辑图形.................013

2.1　绘制图形...........................014

2.1.1　课堂案例——绘制游戏机...........014

2.1.2　矩形.............................017

2.1.3　绘制椭圆形和圆形.................019

2.1.4　绘制基本形状.....................020

2.1.5　课堂案例——绘制徽章.............022

2.1.6　绘制多边形.......................024

2.1.7　绘制星形.........................025

2.1.8　绘制螺旋形.......................025

2.2　编辑对象...........................026

2.2.1　课堂案例——绘制卡通汽车.........026

2.2.2　对象的选取.......................029

2.2.3　对象的缩放.......................030

2.2.4　对象的移动.......................031

2.2.5　对象的镜像.......................032

2.2.6　对象的旋转.......................034

2.2.7　对象的倾斜变形...................035

2.2.8　对象的复制.......................036

2.2.9　对象的删除.......................037

课堂练习——制作铅笔图标...............038

课后习题——绘制卡通手表...............038

第3章　绘制和编辑曲线.................039

3.1　绘制曲线...........................040

3.1.1　课堂案例——绘制卡通猫...........040

3.1.2　认识曲线.........................043

3.1.3　贝塞尔工具.......................044

3.1.4　艺术笔工具.......................045

3.1.5　钢笔工具.........................047

3.2　编辑曲线...........................049

3.2.1　课堂案例——绘制雪糕.............049

3.2.2　编辑曲线的节点...................052

3.2.3　编辑曲线的轮廓和端点.............054

3.2.4　编辑和修改几何图形...............055

3.3 修整图形 058

3.3.1 合并 058

3.3.2 修剪 059

3.3.3 相交 059

3.3.4 简化 060

3.3.5 移除后面对象 060

3.3.6 移除前面对象 061

3.3.7 边界 061

课堂练习——绘制夏日岛屿插画 062

课后习题——绘制卡通绵羊插画 062

第4章 编辑轮廓线与填充颜色 063

4.1 编辑轮廓线和均匀填充 064

4.1.1 课堂案例——绘制卡通图标 064

4.1.2 使用轮廓工具 068

4.1.3 设置轮廓线的颜色 069

4.1.4 设置轮廓线的粗细及样式 069

4.1.5 设置轮廓线角的样式及端头样式 070

4.1.6 使用调色板填充颜色 071

4.1.7 均匀填充对话框 072

4.1.8 使用"颜色泊坞窗"填充 073

4.2 渐变填充和图样填充 074

4.2.1 课堂案例——绘制蔬菜插画 074

4.2.2 使用属性栏进行填充 084

4.2.3 使用工具进行填充 084

4.2.4 使用"渐变填充"对话框填充 085

4.2.5 渐变填充的样式 086

4.2.6 图样填充 086

4.3 其他填充 087

4.3.1 课堂案例——绘制时尚人物 087

4.3.2 底纹填充 091

4.3.3 网格填充 092

4.3.4 PostScript填充 093

课堂练习——绘制棒棒糖 094

课后习题——绘制电池图标 094

第5章 排列和组合对象 095

5.1 对齐和分布 096

5.1.1 课堂案例——制作假日游轮插画 096

5.1.2 多个对象的对齐和分布 099

5.1.3 网格和辅助线的设置和使用 101

5.1.4 标尺的设置和使用 102

5.1.5 标注线的绘制 103

5.1.6 对象的排序 103

5.2 群组和结合 105

5.2.1 课堂案例——绘制木版画 105

5.2.2 组合对象 107

5.2.3 结合 107

课堂练习——制作药膳书籍封面 108

课后习题——绘制可爱猫头鹰 108

第6章 编辑文本 109

6.1 文本的基本操作 110

6.1.1 课堂案例——制作咖啡招贴 110

6.1.2 创建文本 113

6.1.3 改变文本的属性 114

6.1.4 文本编辑 115

6.1.5 文本导入 116

6.1.6 字体设置 117

6.1.7 字体属性 118

6.1.8 复制文本属性 118

6.1.9 课堂案例——制作台历 119

6.1.10 设置间距 122

6.1.11 设置文本嵌线和上下标 123

6.1.12 设置制表位和制表符 124

6.2 文本效果 126

6.2.1 课堂案例——制作美食内页 126

6.2.2 设置首字下沉和项目符号 131

6.2.3 文本绕路径 132

6.2.4 对齐文本 133

6.2.5 内置文本 133

6.2.6 段落文字的连接 134

6.2.7　段落分栏 134

6.2.8　文本绕图 135

6.2.9　插入字符 135

6.2.10　将文字转化为曲线 136

6.2.11　创建文字 136

课堂练习——制作冰淇淋宣传内页 136

课后习题——制作蜂蜜广告 137

第7章　编辑位图 138

7.1　导入并转换位图 139

7.1.1　导入位图 139

7.1.2　转换为位图 139

7.2　使用滤镜 140

7.2.1　课堂案例——制作商场广告 140

7.2.2　三维效果 143

7.2.3　艺术笔触 144

7.2.4　模糊 146

7.2.5　轮廓图 146

7.2.6　创造性 147

7.2.7　扭曲 148

课堂练习——制作万圣节门票 150

课后习题——制作圣诞卡 150

第8章　应用特殊效果 151

8.1　图框精确剪裁和色调的调整 152

8.1.1　课堂案例——制作网页服饰广告 152

8.1.2　图框精确剪裁效果 155

8.1.3　调整亮度、对比度和强度 155

8.1.4　调整颜色通道 156

8.1.5　调整色度、饱和度和亮度 156

8.2　特殊效果 157

8.2.1　课堂案例——制作立体文字 157

8.2.2　制作透视效果 161

8.2.3　制作立体效果 162

8.2.4　使用调和效果 163

8.2.5　使用阴影效果 164

8.2.6　设置透明效果 165

8.2.7　课堂案例——制作家电广告 165

8.2.8　编辑轮廓效果 169

8.2.9　使用变形效果 169

8.2.10　封套效果 170

8.2.11　使用透镜效果 170

课堂练习——制作电脑吊牌 171

课后习题——制作美食代金券 171

第9章　商业案例实训 172

9.1　海报设计——制作音乐演唱会海报 173

9.1.1　项目背景及要求 173

9.1.2　项目创意及制作 173

9.1.3　案例制作及步骤 173

课堂练习1——制作手机海报 177

练习1.1　项目背景及要求 177

练习1.2　项目创意及制作 177

课堂练习2——制作重阳节海报 178

练习2.1　项目背景及要求 178

练习2.2　项目创意及制作 178

课后习题1——制作招聘海报 179

习题1.1　项目背景及要求 179

习题1.2　项目创意及制作 179

课后习题2——制作双11海报 180

习题2.1　项目背景及要求 180

习题2.2　项目创意及制作 180

9.2　宣传单设计——制作舞蹈宣传单 181

9.2.1　项目背景及要求 181

9.2.2　项目创意及制作 181

9.2.3　案例制作及步骤 181

课堂练习1——制作家电宣传单 186

练习1.1　项目背景及要求 186

练习1.2　项目创意及制作 186

课堂练习2——制作化妆品宣传单 187

练习2.1　项目背景及要求 187

练习2.2　项目创意及制作 187

课后习题1——制作文具品宣传单 188

习题1.1 项目背景及要求 188

习题1.2 项目创意及制作 188

课后习题2——制作糕点宣传单 189

习题2.1 项目背景及要求 189

习题2.2 项目创意及制作 189

9.3 广告设计——制作房地产广告 190

9.3.1 项目背景及要求 190

9.3.2 项目创意及制作 190

9.3.3 案例制作及步骤 190

课堂练习1——制作汽车广告 199

练习1.1 项目背景及要求 199

练习1.2 项目创意及制作 199

课堂练习2——制作服装电商广告 200

练习2.1 项目背景及要求 200

练习2.2 项目创意及制作 200

课后习题1——制作家电电商广告 201

习题1.1 项目背景及要求 201

习题1.2 项目创意及制作 201

课后习题2——制作女包电商广告 202

习题2.1 项目背景及要求 202

习题2.2 项目创意及制作 202

9.4 杂志设计——制作时尚杂志封面 203

9.4.1 项目背景及要求 203

9.4.2 项目创意及制作 203

9.4.3 案例制作及步骤 203

课堂练习1——制作影像杂志封面 208

练习1.1 项目背景及要求 208

练习1.2 项目创意及制作 208

课堂练习2——制作汽车杂志封面 209

练习2.1 项目背景及要求 209

练习2.2 项目创意及制作 209

课后习题1——制作旅游杂志封面 210

习题1.1 项目背景及要求 210

习题1.2 项目创意及制作 210

课后习题2——制作时尚家居杂志封面 211

习题2.1 项目背景及要求 211

习题2.2 项目创意及制作 211

9.5 书籍封面设计——制作旅游书籍封面.... 212

9.5.1 项目背景及要求 212

9.5.2 项目创意及制作 212

9.5.3 案例制作及步骤 212

课堂练习1——制作花卉书籍封面 218

练习1.1 项目背景及要求 218

练习1.2 项目创意及制作 218

课堂练习2——制作美食书籍封面 219

练习2.1 项目背景及要求 219

练习2.2 项目创意及制作 219

课后习题1——制作茶鉴赏书籍封面 220

习题1.1 项目背景及要求 220

习题1.2 项目创意及制作 220

课后习题2——制作探索书籍封面 221

习题2.1 项目背景及要求 221

习题2.2 项目创意及制作 221

9.6 包装设计——制作牛奶包装 222

9.6.1 项目背景及要求 222

9.6.2 项目创意及制作 222

9.6.3 案例制作及步骤 222

课堂练习1——制作水饺包装 229

练习1.1 项目背景及要求 229

练习1.2 项目创意及制作 229

课堂练习2——制作CD包装 230

练习2.1 项目背景及要求 230

练习2.2 项目创意及制作 230

课后习题1——制作化妆品包装 231

习题1.1 项目背景及要求 231

习题1.2 项目创意及制作 231

课后习题2——制作干果包装 232

习题2.1 项目背景及要求 232

习题2.2 项目创意及制作 232

第 *1* 章

初识CorelDRAW X7

本章介绍

　　CorelDRAW X7的基础知识和基本操作是软件学习的基础。本章将主要介绍CorelDRAW X7的工作环境、文件的操作方法、页面布局的编辑方法和图形图像的基础知识。通过对本章的学习，读者可以达到初步认识和简单使用这一创作工具的目的，为后期的设计制作工作打下坚实的基础。

学习目标

◆ 熟悉CorelDRAW X7中文版的工作界面。

◆ 熟练掌握文件的基本操作。

◆ 掌握页面布局的设置。

◆ 了解位图与矢量图、色彩模式、文件格式等基本概念。

技能目标

◆ 熟练设置页面大小、标签、背景以及插入、删除与重命名页面。

◆ 能够根据图片正确识别矢量图、位图以及文件格式。

1.1 CorelDRAW X7中文版的工作界面

本节将介绍CorelDRAW X7中文版的工作界面，并简单介绍CorelDRAW X7中文版的菜单、标准工具栏、工具箱及泊坞窗。

1.1.1 工作界面

CorelDRAW X7中文版的工作界面主要由"标题栏""菜单栏""标准工具栏""属性栏""工具箱""标尺""调色板""绘图页面""页面控制栏""状态栏""泊坞窗"等部分组成，如图1-1所示。

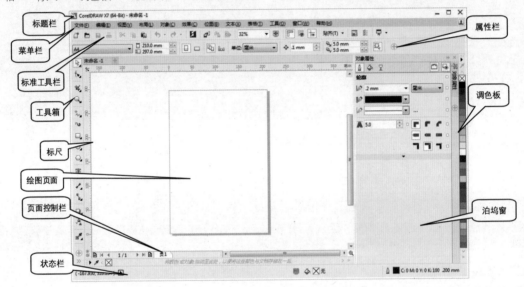

图1-1

标题栏：用于显示软件和当前操作文件的文件名，还可以用于调整CorelDRAW X7中文版窗口的大小。

菜单栏：集合了CorelDRAW X7中文版中的所有命令，并将它们分门别类地放置在不同的菜单中，供用户选择使用。执行CorelDRAW X7中文版菜单中的命令是最基本的操作方式。

标准工具栏：提供了常用的几种操作按钮，可使用户轻松地完成几个基本的操作任务。

属性栏：显示了所绘制图形的信息，并提供了一系列可对图形进行相关修改操作的工具。

工具箱：用于分类存放CorelDRAW X7中文版中常用的工具，这些工具可以帮助用户完成各种工作。使用工具箱，可以大大简化操作步骤，提高工作效率。

标尺：用于度量图形的尺寸并对图形进行定位，是进行平面设计工作不可缺少的辅助工具。

调色板：可以直接对所选定的图形或图形边缘的轮廓线进行颜色填充。

绘图页面：指绘图窗口中带矩形边沿的区域，只有此区域内的图形才可被打印出来。

页面控制栏：可以用于创建新页面并显示CorelDRAW X7中文版中文档各页面的内容。

状态栏：可以为用户提供有关当前操作的各种提示信息。

泊坞窗：这是CorelDRAW X7中文版中最具特色的窗口，因其可放在绘图窗口边缘而得名。它提供了许多常用的功能，使用户在创作时更加得心应手。

1.1.2 菜单

CorelDRAW X7中文版的菜单栏包含"文件""编辑""视图""布局""对象""效果""位图""文本""表格""工具""窗口""帮助"12个大类，如图1-2所示。

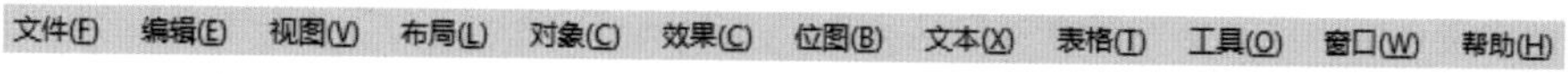

文件(F)　编辑(E)　视图(V)　布局(L)　对象(C)　效果(C)　位图(B)　文本(X)　表格(T)　工具(O)　窗口(W)　帮助(H)

图1-2

例如，选择"编辑"命令，将弹出如图1-3所示的"编辑"下拉菜单。

图1-3

最左边为图标，它和工具栏中具有相同功能

的图标一致，以便于用户记忆和使用。

最右边显示的组合键则为操作快捷键，便于用户提高工作效率。

某些命令后带有▶按钮，表明该命令还有下一级菜单，将光标停放在命令上即可弹出下拉菜单。

某些命令后带有...按钮，单击该命令即可弹出对话框，允许对其进行进一步设置。

此外，"编辑"下拉菜单中有些命令呈灰色状，表明该命令当前还不可使用，须进行一些相关的操作后方可使用。

1.1.3 工具栏

在菜单栏的下方通常是工具栏，CorelDRAW X7中文版的"标准"工具栏如图1-4所示。

图1-4

这里存放了常用的命令按钮，如"新建""打开""保存""打印""剪切""复制""粘贴""撤销""重做""搜索内容""导入""导出""发布为PDF""缩放级别""全屏预览""显示标尺""显示网格""显示辅助线""贴齐""欢迎屏幕""选项""应用程序启动器"。它们可以使用户便捷地完成以上这些基本的操作。

此外，CorelDRAW X7中文版还提供了其他一些工具栏，用户可以在"选项"对话框中选择它们。选择"窗口>工具栏>文本"命令，则可显示"文本"工具栏。"文本"工具栏如图1-5所示。

图1-5

选择"窗口>工具栏>变换"命令，则可显示"变换"工具栏。"变换"工具栏如图1-6所示。

图1-6

1.1.4 工具箱

CorelDRAW X7中文版的工具箱中放置着在绘制图形时常用的一些工具，这些工具是每一个软件使用者都必须掌握的基本操作工具。CorelDRAW X7中文版的工具箱如图1-7所示。

在工具箱中，依次分类排放着"选择"工具、"形状"工具、"裁剪"工具、"缩放"工具、"手绘"工具、"艺术笔"工具、"矩形"工具、"椭圆形"工具、"多边形"工具、"文本"工具、"平行度量"工具、"直线连接器"工具、"阴影"工具、"透明度"工具、"颜色滴管"工具、"交互式填充"工具和"智能填充"工具。

其中，有些工具按钮带有小三角标记，表明还有展开工具栏，用光标按住它即可展开。例如，按住"阴影"工具，将展开如图1-8所示的工具栏。

图1-7   图1-8

1.1.5 泊坞窗

CorelDRAW X7中文版的泊坞窗，是一个十分有特色的窗口。当打开这一窗口时，它会停靠在绘图窗口的边缘，因此被称为"泊坞窗"。选择"窗口 > 泊坞窗 > 对象属性"命令，或按Alt+Enter组合键，即可弹出如图1-9右侧所示的"对象属性"泊坞窗。

图1-9

还可将泊坞窗拖曳出来，放在任意的位置，并可通过单击窗口右上角的▶▶和▩按钮将窗口折叠或展开，如图1-10所示。因此，它又被称为"卷帘工具"。

CorelDRAW X7中文版泊坞窗的列表，位于"窗口 > 泊坞窗"子菜单中。可以选择"泊坞窗"下的各个命令，以打开相应的泊坞窗。用户可以打开一个或多个泊坞窗，当几个泊坞窗都打开时，除了活动的泊坞窗，其余的泊坞窗将沿着泊坞窗的边沿以标签形式显示，效果如图1-11所示。

图1-10

图1-11

1.2 文件的基本操作

掌握一些基本的文件操作方法，是开始设计和制作作品所必需的。下面将介绍CorelDRAW X7中文版的一些基本操作。

1.2.1 新建和打开文件

1. 使用CorelDRAW X7启动时的欢迎窗口新建和打开文件

启动时的欢迎窗口如图1-12所示。单击"新建文档"图标，可以建立一个新的文档；单击"从模板新建"图标，可以使用系统默认的模板创建文件；单击"打开其他文档"图标，弹出如图1-13所示的"打开绘图"对话框，可以从中选择要打开的图形文件；单击"打开最近用过的文档"下方的文件名，可以打开最近编辑过的图形文件，在左侧的"最近使用过的文件预览"框中显示选中文件的效果图，在"文件信息"框中显示文件名称、文件创建时间和位置、文件大小等信息。

图1-12

图1-13

2. 使用命令和快捷键新建和打开文件

选择"文件 > 新建"命令，或按Ctrl+N组合键，可新建文件。选择"文件 > 从模板新建"或"打开"命令，或按Ctrl+O组合键，可打开文件。

3. 使用标准工具栏新建和打开文件

使用CorelDRAW X7标准工具栏中的"新建"按钮和"打开"按钮可以新建和打开文件。

1.2.2 保存和关闭文件

1. 使用命令和快捷键保存文件

选择"文件 > 保存"命令，或按Ctrl+S组合键，可保存文件。选择"文件 > 另存为"命令，或按Ctrl+Shift+S组合键，可更名保存文件。

如果是第一次保存文件，在执行上述操作后，会弹出如图1-14所示的"保存绘图"对话框。在对话框中，可以设置"文件路径""文件名""保存类型""版本"等保存选项。

图1-14

2. 使用标准工具栏保存文件

使用CorelDRAW X7标准工具栏中的"保存"按钮来保存文件。

3. 使用命令、快捷键或按钮关闭文件

选择"文件 > 关闭"命令，或按Alt+F4组合键，或单击绘图窗口右上角的"关闭"按钮，可关闭文件。

此时，如果文件未保存，将弹出如图1-15所示的提示框，询问用户是否保存文件。单击"是"按钮，则保存文件；单击"否"按钮，则不保存文件；单击"取消"按钮，则取消保存操作。

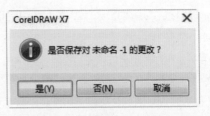

图1-15

1.2.3 导出文件

1. 使用命令和快捷键导出文件

选择"文件 > 导出"命令，或按Ctrl+E组合键，弹出如图1-16所示的"导出"对话框。在对话框中，可以设置"文件路径""文件名""保存类型"等选项。

2. 使用标准工具栏导出文件

使用CorelDRAW X7标准工具栏中的"导出"按钮也可以将文件导出。

图1-16

1.3 设置页面布局

利用"选择"工具属性栏可以轻松地进行CorelDRAW X7版面的设置。选择"选择"工具，选择"工具 > 选项"命令，或单击标准工具栏中的"选项"按钮；或按Ctrl+J组合键，弹出"选项"对话框。在该对话框中单击"自定义 > 命令栏"选项，再勾选"属性栏"选项，如图1-17所示，然后单击"确定"按钮，则可显示如图1-18所示的"选择"工具属性栏。在属性栏中，可以设置纸张的类型大小、纸张的高度和宽度、纸张的放置方向等。

图1-18

1.3.1 设置页面大小

利用"布局"菜单下的"页面设置"命令，可以进行更详细的设置。选择"布局 > 页面设置"命令，弹出"选项"对话框，如图1-19所示。

图1-19

在"页面尺寸"选项中可以对页面大小和方向进行设置，还可设置页面出血、分辨率等选项。

选择"布局"选项时，"选项"对话框如图1-20所示，可从中选择版面的样式。

图1-17

图1-20

图1-22

1.3.2　设置页面标签

选择"标签"选项，"选项"对话框如图1-21所示，这里汇集了由40多家标签制造商设计的800多种标签格式供用户选择。

图1-21

1.3.3　设置页面背景

选择"背景"选项时，"选项"对话框如图1-22所示，可以从中选择纯色或位图图像作为绘图页面的背景。

1.3.4　插入、删除与重命名页面

1. 插入页面

选择"布局 > 插入页"命令，弹出如图1-23所示的"插入页面"对话框。在对话框中，可以设置插入的页面数目、位置、大小和方向等选项。

在CorelDRAW X7状态栏的页面标签上单击鼠标右键，弹出如图1-24所示的快捷菜单，在菜单中选择插入页面的命令，即可插入新页面。

图1-23

图1-24

图1-25

图1-26

中的"页名"选项中输入名称，单击"确定"按钮，即可重命名页面。

2．删除页面

选择"布局 > 删除页面"命令，弹出如图1-25所示的"删除页面"对话框。在该对话框中，可以设置要删除的页面序号，还可以同时删除多个连续的页面。

3．重命名页面

选择"布局 > 重命名页面"命令，弹出如图1-26所示的"重命名页面"对话框。在对话框

1.4　图形和图像的基础知识

如果想要应用好CorelDRAW X7，就需要对图像的种类、色彩模式及文件格式有所了解和掌握，下面将进行详细的介绍。

1.4.1　位图与矢量图

在计算机中，图像大致可以分为两种：位图图像和矢量图形。位图图像效果如图1-27所示，矢量图形效果如图1-28所示。

图1-27

图1-28

位图图像又称为点阵图，是由许多点组成的，这些点称为像素。许许多多不同色彩的像素组合在一起便构成一幅图像。由于位图采取了点阵的方式，每个像素都能够记录图像的色彩信息，因而可以精确地表现色彩丰富的图像。但图像的色彩越丰富，图像的像素就越多（即分辨率越高），文件也就越大。因此处理位图图像时，对计算机硬盘和内存的要求也较高。同时，由于位图本身的特点，图像在缩放和旋转变形时会产生失真的现象。

矢量图像是相对位图图像而言的，也称为向量图像，它是以数学的矢量方式来记录图像内容的。矢量图像中的图形元素称为对象，每个对象

都是独立的，具有各自的属性（如颜色、形状、轮廓、大小和位置等）。矢量图像在缩放时不会产生失真的现象，并且它的文件占用的内存空间较小。这种图像的缺点是不易制作色彩丰富的图像，无法像位图图像那样精确地描绘各种绚丽的色彩。

这两种类型的图像各具特色，也各有优缺点，并且两者之间具有良好的互补性。因此，在图像处理和绘制图形的过程中，将这两种图像交互使用，取长补短，一定能使创作出来的作品更加完美。

1.4.2 色彩模式

CorelDRAW X7提供了多种色彩模式。这些色彩模式提供了把色彩协调一致地用数值表示的方法。这些色彩模式是设计制作的作品能够在屏幕和印刷品上成功表现的重要保障。在这些色彩模式中，经常使用到的有RGB模式、CMYK模式、Lab模式、HSB模式及灰度模式等。每种色彩模式都有不同的色域，读者可以根据需要选择合适的色彩模式，并且各个模式之间可以互相转换。

1. RGB模式

RGB模式是工作中使用较广泛的一种色彩模式。它是一种加色模式，通过红、绿、蓝3种色光相叠加而形成更多的颜色。同时，RGB模式也是色光的彩色模式，一幅24bit的RGB模式图像有3个色彩信息的通道：红色（R）、绿色（G）和蓝色（B）。

每个通道都有8位的色彩信息：一个0～255的亮度值色域。RGB模式3种色彩的数值越大，颜色就越浅，当3种色彩的数值都为255时，颜色被调整为白色；RGB模式3种色彩的数值越小，颜色就越深，当3种色彩的数值都为0时，颜色被调整为黑色。

3种色彩的每一种色彩都有256个亮度水平级。3种色彩相叠加，可以有256×256×256=1670

万种可能的颜色。这1670万种颜色足以表现出这个绚丽多彩的世界。用户使用的显示器就是RGB模式的。

选择RGB模式的操作步骤：选择"编辑填充"工具，或按Shift+F11组合键，弹出"编辑填充"对话框，在对话框中单击"均匀填充"按钮，选择"RGB"颜色模式，如图1-29所示。在对话框中设置RGB颜色值。

图1-29

在编辑图像时，建议选择RGB色彩模式。因为它可以提供全屏幕的多达24位的色彩范围，所以一些计算机领域的色彩专家称其为"True Color"（真彩显示）。

2. CMYK模式

CMYK模式在印刷时应用了色彩学中的减法混合原理，通过反射某些颜色的光并吸收另外一些颜色的光来产生不同的颜色，是一种减色色彩模式。CMYK代表了印刷上用的4种油墨色：C代表青色，M代表洋红色，Y代表黄色，K代表黑色。CorelDRAW X7默认状态下使用的就是CMYK模式。

CMYK模式是图片和其他作品中最常用的一种印刷方式。这是因为在印刷中通常都要进行四色分色，出四色胶片，然后再进行印刷。

选择CMYK模式的操作步骤：选择"编辑填充"工具，在弹出的"编辑填充"对话框中单击"均匀填充"按钮，选择"CMYK"颜色模式，如图1-30所示。在对话框中设置CMYK颜色值。

图1-30

3. Lab模式

Lab是一种国际色彩标准模式，它由3个通道组成：一个通道是透明度，即L；另外两个是色彩通道，即色相和饱和度，用a和b表示。a通道包括的颜色值从深绿到灰，再到亮粉红色；b通道是从亮蓝色到灰，再到焦黄色。这些色彩混合后将产生明亮的色彩。

选择Lab模式的操作步骤：选择"编辑填充"工具 ，在弹出的"编辑填充"对话框中单击"均匀填充"按钮 ，选择"Lab"颜色模式，如图1-31所示。在对话框中设置Lab颜色值。

图1-31

Lab模式在理论上包括人眼可见的所有色彩，它弥补了CMYK模式和RGB模式的不足。在这种模式下，图像的处理速度比在CMYK模式下快数倍，与RGB模式的速度相仿，而且在把Lab模式转成CMYK模式的过程中，所有的色彩不会丢失或被替换。事实上，将RGB模式转换成CMYK模式时，Lab模式一直扮演着中介者的角色。也就是说，RGB模式先转成Lab模式，然后再转成CMYK模式。

4. HSB模式

HSB模式是一种更直观的色彩模式，它的调色方法更接近人的视觉原理，在调色过程中更容易找到所需要的颜色。

H代表色相，S代表饱和度，B代表亮度。色相的意思是纯色，即组成可见光谱的单色。红色为0度，绿色为120度，蓝色为240度。饱和度代表色彩的纯度，饱和度为0时即为灰色，黑、白两种色彩没有饱和度。亮度是色彩的明亮程度，最大亮度是色彩最鲜明的状态，黑色的亮度为0。

进入HSB模式的操作步骤：选择"编辑填充"工具 ，在弹出的"编辑填充"对话框中单击"均匀填充"按钮 ，选择"HSB"颜色模式，如图1-32所示。在对话框中设置HSB颜色值。

图1-32

5. 灰度模式

灰度模式形成的灰度图又叫8比特深度图。每个像素用8个二进制位表示，能产生2^8即256级灰色调。当彩色文件被转换为灰度模式文件时，所有的颜色信息都将从文件中丢失。尽管CorelDRAW X7允许将灰度文件转换为彩色模式文件，但不可能将原来的颜色完全还原。所以，当要转换灰度模式时，请先做好图像的备份。

像黑白照片一样，灰度模式的图像只有明暗值，没有色相和饱和度这两种颜色信息。0%代表黑，100%代表白。

将彩色模式转换为双色调模式时，必须先转换为灰度模式，然后由灰度模式转换为双色调模式。在制作黑白印刷品时经常会使用灰度模式。

进入灰度模式操作的步骤：选择"编辑填充"工具 ，在弹出的"编辑填充"对话框中单击"均匀填充"按钮 ，选择"灰度"颜色模式，如图1-33所示。在对话框中设置灰度值。

图1-33

1.4.3 文件格式

CorelDRAW X7中有20多种文件格式可供选择。在这些文件格式中，既有CorelDRAW X7的专用格式，又有用于应用程序交换的文件格式，还有一些比较特殊的格式。

1. CDR格式

CDR格式是CorelDRAW X7的专用图形文件格式。由于CorelDRAW X7是矢量图形绘制软件，所以CDR可以记录文件的属性、位置和分页等。但它在兼容度上比较差，在所有CorelDRAW X7应用程序中均能够使用，但在其他图像编辑软件中无法打开。

2. AI格式

AI格式是一种矢量图片格式，是Adobe公司的软件Illustrator的专用格式。它的兼容度比较高，可以在CorelDRAW X7中打开。CDR格式的文件可以被导出为AI格式。

3. TIF格式

TIF（TIFF）格式是标签图像格式，它对于色彩通道图像来说是最有用的格式，具有很强的可移植性，可以用于PC、Macintosh以及UNIX工作站三大平台，是这三大平台上使用最广泛的绘图格式。用TIF格式存储时应考虑到文件的大小，因为TIF格式的结构要比其他格式更大、更复杂。TIF格式支持24个通道，能存储多于4个通道的文件格式。TIF格式非常适合用于印刷和输出。

4. PSD格式

PSD格式是Photoshop软件自身的专用文件格式，能够保存图像数据的细小部分，如图层、附加的遮膜通道等Photoshop对图像进行特殊处理的信息。在没有最终决定图像存储的格式前，最好先以PSD格式存储。另外，Photoshop打开和存储PSD格式文件的速度较打开其他格式更快。但是PSD格式也有缺点，存储的图像文件特别大，占用空间多，通用性不强。

5. JPEG格式

JPEG格式是Joint Photographic Experts Group的首字母缩写词，译为联合图片专家组。JPEG格式既是Photoshop支持的一种文件格式，也是一种压缩方案。它是Macintosh上常用的一种存储类型。JPEG格式是压缩格式中的"佼佼者"，与TIF文件格式采用的LZW无损压缩相比，它的压缩比例更大。但它采用的有损压缩会丢失部分数据。用户可以在存储前选择图像的最好质量，这样就能控制数据的损失程度。

第 2 章

绘制和编辑图形

本章介绍

CorelDRAW X7绘制和编辑图形的功能非常强大。本章将详细介绍绘制和编辑图形的多种方法和技巧。通过对本章的学习，读者可以掌握绘制与编辑图形的方法和技巧，为进一步学习CorelDRAW X7打下坚实的基础。

学习目标

◆ 掌握几何图形的绘制方法。
◆ 熟练掌握编辑对象的技巧。

技能目标

◆ 掌握"游戏机"的绘制方法。
◆ 掌握"徽章"的绘制方法。
◆ 掌握"卡通汽车"的绘制方法。

2.1 绘制图形

使用CorelDRAW X7的基本绘图工具可以绘制简单的几何图形。通过本节的讲解和练习，读者可以初步掌握CorelDRAW X7基本绘图工具的特性，为今后绘制更复杂、更优质的图形打下坚实的基础。

命令介绍

矩形工具： 用于绘制矩形、正方形、圆角矩形和任意角度放置的矩形。

椭圆形工具： 用于绘制椭圆形、圆形、饼形、弧线形和任意角度放置的椭圆形。

2.1.1 课堂案例——绘制游戏机

【案例学习目标】学习使用几何图形工具绘制游戏机。

【案例知识要点】使用椭圆形工具、3点椭圆形工具、矩形工具、3点矩形工具和基本形状工具绘制游戏机，效果如图2-1所示。

【效果所在位置】Ch02/效果/绘制游戏机.cdr。

图2-1

（1）按Ctrl+N组合键，新建一个A4页面。选择"矩形"工具 ，在适当的位置绘制矩形，在属性栏的"转角半径" 框中设置数值为15mm，如图2-2所示，按Enter键，效果如图2-3所示。

图2-2

图2-3

（2）按Shift+F11组合键，弹出"编辑填充"对话框，设置图形颜色的CMYK值为100、100、62、56，如图2-4所示，单击"确定"按钮，填充图形。在"默认调色板"面板中的"无填充"按钮 上单击鼠标右键，去除图形的轮廓线，效果如图2-5所示。

图2-4

图2-5

（3）选择"矩形"工具 ，在适当的位置绘制矩形，在属性栏的"转角半径" 框中设置数值为5mm，如图2-6所示，按Enter键。设置图形颜色的CMYK值为40、0、0、0，填充图形，在"无填充"按钮 上单击鼠标右键，去除图形的轮廓线，效果如图2-7所示。

图2-6

图2-7

（4）选择"3点矩形"工具，在适当的位置拖曳鼠标绘制倾斜的矩形，如图2-8所示。设置图形颜色的CMYK值为40、0、100、0，填充图形，并去除图形的轮廓线，效果如图2-9所示。

 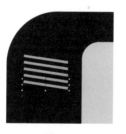

图2-8　　　　　　　　　图2-9

（5）选择"选择"工具，按住Shift键的同时，将矩形垂直向下拖曳到适当的位置，并单击鼠标右键，复制矩形，效果如图2-10所示。连续按Ctrl+D组合键，复制矩形，效果如图2-11所示。

图2-10　　　　　　　　图2-11

（6）选择"矩形"工具，在适当的位置绘制矩形，在属性栏的"转角半径"框中设置数值为12mm，如图2-12所示，按Enter键。填充图形为白色，在"无填充"按钮上单

击鼠标右键，去除图形的轮廓线，效果如图2-13所示。

图2-12

图2-13

（7）选择"选择"工具，选取圆角矩形，按数字键盘上的+键，复制图形，在属性栏的"旋转角度"框中设置数值为270°，按Enter键，效果如图2-14所示。选择"椭圆形"工具，按住Ctrl键的同时，绘制圆形。设置图形颜色的CMYK值为40、0、100、0，填充图形，并去除图形的轮廓线，效果如图2-15所示。

图2-14　　　　　　　　图2-15

（8）选择"3点椭圆形"工具，在适当的位置绘制椭圆形，填充为白色，并去除图形的轮廓线，效果如图2-16所示。选择"选择"工具，用圈选的方法选取椭圆形和圆形，按数字键盘上的+键，复制图形，并拖曳到适当的位置，效果如图2-17所示。

（9）选择"选择"工具，选取需要的圆形，设置图形颜色的CMYK值为0、100、100、0，填充图形，效果如图2-18所示。选取需要的椭圆形，并再次单击图形，使其处于旋转状态，旋转到适当的角度，效果如图2-19所示。

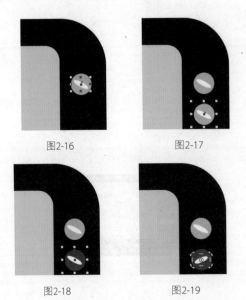

图2-16　　　　　　　　　　图2-17

图2-18　　　　　　　　　　图2-19

（10）选择"椭圆形"工具，按住Ctrl键的同时，绘制圆形，在属性栏的"起始和结束角度"框中设置数值为0°、270°，如图2-20所示，按Enter键。设置图形颜色的CMYK值为0、0、100、0，填充图形，并去除图形的轮廓线，效果如图2-21所示。

图2-20

图2-21

（11）选择"矩形"工具，在适当的位置绘制矩形，设置图形颜色的CMYK值为0、0、100、0，填充图形，并去除图形的轮廓线，效果如图2-22所示。选择"选择"工具，按住Shift键的同时，将矩形水平向右拖曳到适当的位置，并单击鼠标右键，复制矩形，效果如图

2-23所示。

图2-22 　　　　　　　　　　图2-23

（12）选择"基本形状"工具，在属性栏中单击"完美形状"按钮，在弹出的面板中选择需要的形状，如图2-24所示，按住Ctrl键的同时，在页面中拖曳鼠标绘制图形。设置图形颜色的CMYK值为0、0、100、0，填充图形，并去除图形的轮廓线，效果如图2-25所示。

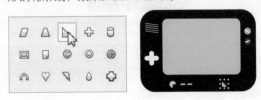

图2-24　　　　　　　　　　图2-25

（13）选择"选择"工具，按住Shift键的同时，将图形水平向左拖曳到适当的位置，并单击鼠标右键，复制图形，效果如图2-26所示。单击属性栏中的"水平镜像"按钮，翻转图形，效果如图2-27所示。

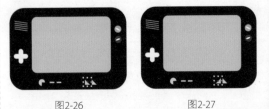

图2-26　　　　　　　　　　图2-27

（14）选择"基本形状"工具，在属性栏中单击"完美形状"按钮，在弹出的面板中选择需要的形状，如图2-28所示，按住Ctrl键的同时，在页面中拖曳鼠标绘制图形。设置图形颜色的CMYK值为0、0、100、0，填充图形，并去除图形的轮廓线，效果如图2-29所示。游戏机绘制完成，效果如图2-30所示。

图2-28

图2-29

图2-30

2.1.2　矩形

1.　绘制直角矩形

单击工具箱中的"矩形"工具 ⬚，在绘图页面中按住鼠标左键不放，拖曳光标到需要的位置，松开鼠标，完成绘制，如图2-31所示。绘制矩形的属性栏如图2-32所示。

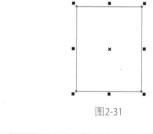
图2-31

图2-32

按Esc键，取消矩形的选取状态，效果如图2-33所示。选择"选择"工具 ▢，在矩形上单击鼠标左键，选择刚绘制好的矩形。

图2-33

按F6键，快速选择"矩形"工具 ⬚，可在绘图页面中适当的位置绘制矩形。

按住Ctrl键，可在绘图页面中绘制正方形。

按住Shift键，可在绘图页面中以当前点为中心绘制矩形。

按住Shift+Ctrl组合键，可在绘图页面中以当前点为中心绘制正方形。

> **🔍 技巧**
>
> 双击工具箱中的"矩形"工具 ⬚，可以绘制出一个和绘图页面大小一样的矩形。

2.　使用"矩形"工具绘制圆角矩形

在绘图页面中绘制一个矩形，如图2-34所示。在绘制矩形的属性栏中，如果先将"转角半径"后的小锁图标 🔒 选定，则改变"转角半径"，4个角的圆滑度数值将进行相同的改变。设定"转角半径"的数值，如图2-35所示，按Enter键，效果如图2-36所示。

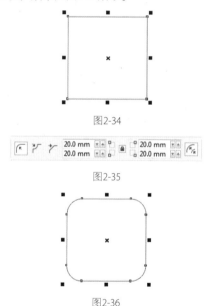
图2-34

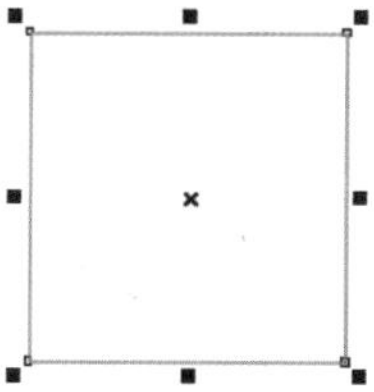

图2-35

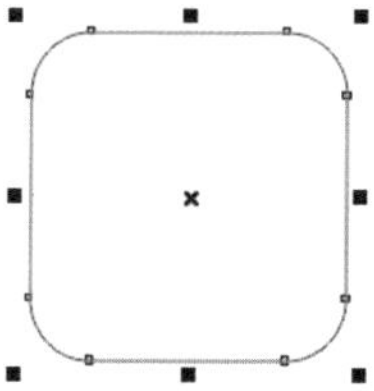

图2-36

如果不选定小锁图标 🔒，则可以单独改变一个角的圆滑度数值。在绘制矩形的属性栏中，分别设定"转角半径"为 ▦，如图2-37所示，按Enter键，效果如图2-38所示。如果要将圆角矩形还原为直角矩形，可以将圆角度数设定为"0"。

图2-37

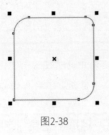

图2-38

3. 使用鼠标拖曳矩形节点绘制圆角矩形

绘制一个矩形。按F10键，快速选择"形状"工具 ，选中矩形边角的节点，如图2-39所示；按住鼠标左键拖曳矩形边角的节点，可以改变边角的圆滑程度，如图2-40所示；松开鼠标左键，圆角矩形的效果如图2-41所示。

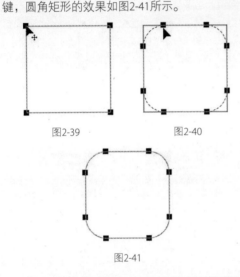

图2-39   图2-40

图2-41

4. 使用"矩形"工具绘制扇形角图形

在绘图页面中绘制一个矩形，如图2-42所示。在绘制矩形的属性栏中，单击"扇形角"按钮 ，在"转角半径"框中设置值为20mm，如图2-43所示，按Enter键，效果如图2-44所示。

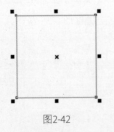

图2-42

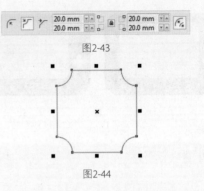

图2-43

图2-44

5. 使用"矩形"工具绘制倒棱角图形

在绘图页面中绘制一个矩形，如图2-45所示。在绘制矩形的属性栏中，单击"倒棱角"按钮 ，在"转角半径"框中设置值为20mm，如图2-46所示，按Enter键，效果如图2-47所示。

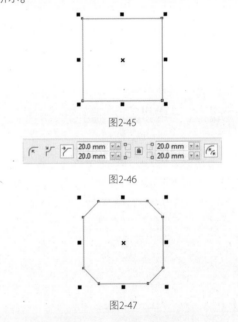

图2-45

图2-46

图2-47

6. 使用角缩放按钮调整图形

在绘图页面中绘制一个圆角矩形，属性栏和效果如图2-48所示。在绘制矩形的属性栏中，单击"相对角缩放"按钮 ，拖曳控制手柄调整图形的大小，圆角的半径根据图形的调整进行改变，属性栏和效果如图2-49所示。

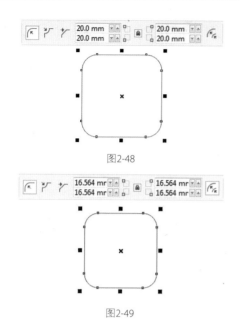

图2-48

图2-49

7. 绘制任意角度放置的矩形

选择"矩形"工具 ▢ 展开式工具栏中的"3点矩形"工具 ▱，在绘图页面中按住鼠标左键不放，拖曳光标到需要的位置，可绘制出一条任意方向的线段作为矩形的一条边，如图2-50所示；松开鼠标左键，再拖曳鼠标到需要的位置，即可确定矩形的另一条边，如图2-51所示；单击鼠标左键，有角度的矩形绘制完成，效果如图2-52所示。

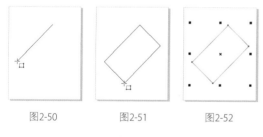

图2-50　　　　图2-51　　　　图2-52

2.1.3　绘制椭圆形和圆形

1. 绘制椭圆形

选择"椭圆形"工具 ⬭，在绘图页面中按住鼠标左键不放，拖曳光标到需要的位置，松开鼠标左键，椭圆形绘制完成，如图2-53所示。椭圆形的属性栏如图2-54所示。

图2-53　　　　　　　　图2-54

按住Ctrl键，在绘图页面中可以绘制圆形，如图2-55所示。

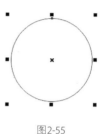

图2-55

按F7键，快速选择"椭圆形"工具 ⬭，可在绘图页面中适当的位置绘制椭圆形。

按住Shift键，可在绘图页面中以当前点为中心绘制椭圆形。

按住Shift+Ctrl组合键，可在绘图页面中以当前点为中心绘制圆形。

2. 使用"椭圆"工具绘制饼形和弧形

绘制一个圆形，如图2-56所示。单击椭圆形属性栏（见图2-57）中的"饼图"按钮 ◔，可将圆形转换为饼图，如图2-58所示。

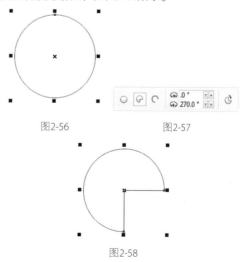

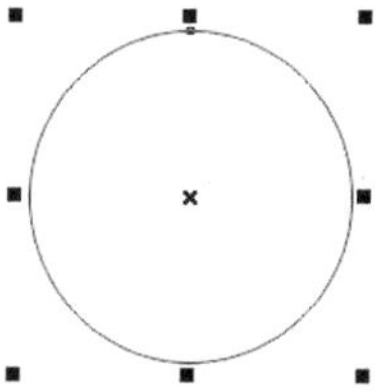

图2-56　　　　　　　图2-57

图2-58

单击椭圆形属性栏（见图2-59）中的"弧"按钮 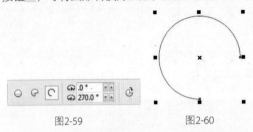，可将圆形转换为弧形，如图2-60所示。

图2-59　　　　　　　　　图2-60

在"起始和结束角度" 中设置饼形和弧形的起始角度和终止角度，按Enter键，可以获得饼形和弧形角度的精确值，效果如图2-61所示。

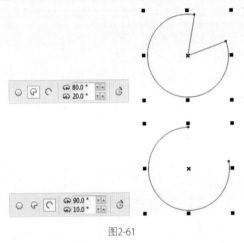

图2-61

🔍 技巧

椭圆形在选中状态下，单击椭圆形属性栏中的"饼形" 或"弧形" 按钮，可以使图形在饼形和弧形之间转换。单击属性栏中的 按钮，可以将饼形或弧形进行180°的镜像。

3. 拖曳椭圆形的节点来绘制饼形和弧形

选择"椭圆形"工具 ，绘制一个圆形。按F10键，快速选择"形状"工具 ，单击轮廓线上的节点并按住鼠标左键不放，如图2-62所示。

向圆形内拖曳节点，如图2-63所示。松开鼠标左键，圆形变成饼形，效果如图2-64所示。向圆形外拖曳轮廓线上的节点，可使圆形变成弧形。

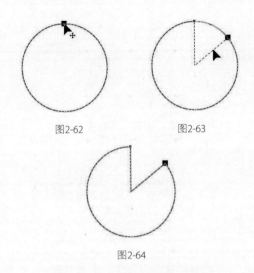

图2-62　　　　　　　　　图2-63

图2-64

4. 绘制任意角度放置的椭圆形

选择"椭圆形"工具 展开式工具栏中的"3点椭圆形"工具 ，在绘图页面中按住鼠标左键不放，拖曳光标到需要的位置，可绘制一条任意方向的线段作为椭圆形的一个轴，如图2-65所示。松开鼠标左键，再拖曳鼠标到需要的位置，即可确定椭圆形的形状，如图2-66所示。单击鼠标左键，有角度的椭圆形绘制完成，如图2-67所示。

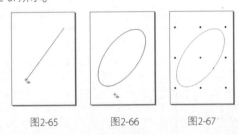

图2-65　　　　图2-66　　　　图2-67

2.1.4　绘制基本形状

1. 绘制基本形状

单击"基本形状"工具 ，在属性栏中单击"完美形状"按钮 ，在弹出的面板中选择需要的基本图形，如图2-68所示。

在绘图页面中按住鼠标左键不放，从左上角向右下角拖曳光标到需要的位置，松开鼠标左键，基本图形绘制完成，效果如图2-69所示。

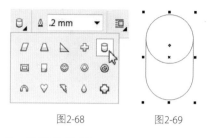

图2-68　　　　　图2-69

2．绘制箭头图

单击"箭头形状"工具，在属性栏中单击"完美形状"按钮，在弹出的面板中选择需要的箭头图形，如图2-70所示。

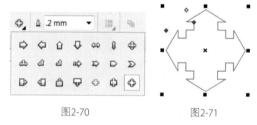

图2-70　　　　　图2-71

在绘图页面中按住鼠标左键不放，从左上角向右下角拖曳光标到需要的位置，松开鼠标左键，箭头图形绘制完成，如图2-71所示。

3．绘制流程图图形

单击"流程图形状"工具，在属性栏中单击"完美形状"按钮，在弹出的面板中选择需要的流程图图形，如图2-72所示。

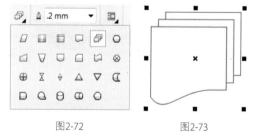

图2-72　　　　　图2-73

在绘图页面中按住鼠标左键不放，从左上角向右下角拖曳光标到需要的位置，松开鼠标左键，流程图图形绘制完成，如图2-73所示。

4．绘制标题图形

单击"标题形状"工具，在属性栏中单击"完美形状"按钮，在弹出的面板中选择需要

的标题图形，如图2-74所示。

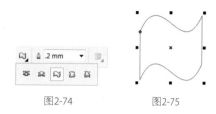

图2-74　　　　　图2-75

在绘图页面中按住鼠标左键不放，从左上角向右下角拖曳光标到需要的位置，松开鼠标左键，标题图形绘制完成，如图2-75所示。

5．绘制标注图形

单击"标注形状"工具，在属性栏中单击"完美形状"按钮，在弹出的面板中选择需要的标注图形，如图2-76所示。

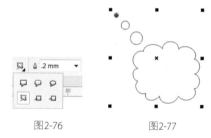

图2-76　　　　　图2-77

在绘图页面中按住鼠标左键不放，从左上角向右下角拖曳光标到需要的位置，松开鼠标左键，标注图形绘制完成，如图2-77所示。

6．调整基本形状

绘制一个基本形状，如图2-78所示。单击要调整的基本图形的红色菱形符号，并按住鼠标左键不放将其拖曳到需要的位置，如图2-79所示。得到需要的形状后，松开鼠标左键，效果如图2-80所示。

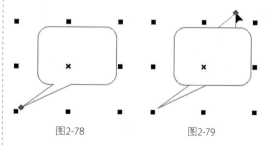

图2-78　　　　　图2-79

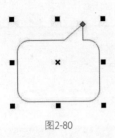

图2-80

🔍 **提示**

流程图形状中没有红色菱形符号，所以不能对它进行调整。

命令介绍

星形工具： 用于绘制星形。

2.1.5 课堂案例——绘制徽章

【案例学习目标】 学习使用椭圆形工具、星形工具和多边形工具绘制徽章。

【案例知识要点】 使用椭圆形工具、复制命令、复杂星形工具和多边形工具绘制中心徽章；使用多边形工具和形状工具绘制中心星形；使用3点椭圆形工具、复制命令和旋转命令制作徽章两侧的图形；使用星形工具绘制下方的星形。效果如图2-81所示。

【效果所在位置】 Ch02/效果/绘制徽章.cdr。

图2-81

（1）按Ctrl+N组合键，新建一个A4页面。单击属性栏中的"横向"按钮，横向显示页面。选择"椭圆形"工具，按住Ctrl键的同时，绘制圆形。设置图形颜色的CMYK值为0、40、80、0，填充图形，并去除图形的轮廓线，效果如图2-82所示。

图2-82

（2）选择"选择"工具，选取圆形，按数字键盘上的+键，复制圆形。按住Shift键的同时，向内拖曳控制手柄等比例缩放圆形，效果如图2-83所示。设置圆形颜色的CMYK值为0、0、60、0，填充圆形，效果如图2-84所示。

图2-83　　　　　　　图2-84

（3）选择"复杂星形"工具，在属性栏的"点数或边数"框中设置数值为9，"锐度"框中设置数值为2，在适当的位置绘制星形，如图2-85所示。设置图形颜色的CMYK值为0、40、80、0，填充图形，并去除图形的轮廓线，效果如图2-86所示。

图2-85　　　　　　　图2-86

（4）选择"多边形"工具，在属性栏的"点数或边数"框中设置数值为7，按住Ctrl键的同时，在适当的位置绘制多边形，如图2-87所示。

图2-87

（5）选择"形状"工具，选取需要的节点，如图2-88所示，将其拖曳到适当的位置，如图2-89所示。松开鼠标，效果如图2-90所示。设置图形颜色的CMYK值为0、0、60、0，填充图形，并去除图形的轮廓线，效果如图2-91所示。

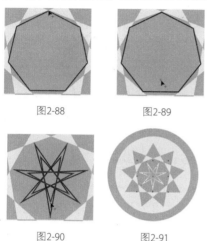

图2-88　　　　　　图2-89

图2-90　　　　　　图2-91

（6）选择"3点椭圆形"工具，在适当的位置绘制倾斜的椭圆形，设置图形颜色的CMYK值为56、38、0、0，填充图形，并去除图形的轮廓线，效果如图2-92所示。用相同的方法绘制椭圆形并填充相同的颜色，效果如图2-93所示。选择"选择"工具，用圈选的方法将两个图形同时选取，按Ctrl+G组合键群组图形，如图2-94所示。

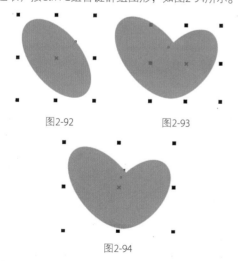

图2-92　　　　　　图2-93

图2-94

（7）将群组图形拖曳到适当的位置，效果如

图2-95所示。将其再次拖曳到适当的位置，并单击鼠标右键，复制图形，效果如图2-96所示。

图2-95

图2-96

（8）保持图形的选取状态，在属性栏的"旋转角度"框中设置数值为13.8°，按Enter键，效果如图2-97所示。用相同的方法复制图形并分别旋转其角度，效果如图2-98所示。

图2-97　　　　　　图2-98

（9）选择"选择"工具，用圈选的方法将需要的图形同时选取，按Ctrl+G组合键群组图形，如图2-99所示。按数字键盘上的+键，复制图形，单击属性栏中的"水平镜像"按钮，水平翻转图形，效果如图2-100所示。

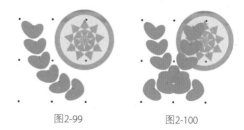

图2-99　　　　　　图2-100

（10）选择"选择"工具，将复制的图形拖曳到适当的位置，效果如图2-101所示。选择

"星形"工具，按住Ctrl键的同时，在适当的位置绘制星形，设置图形颜色的CMYK值为22、12、0、0，填充图形，并去除图形的轮廓线，效果如图2-102所示。

图2-101　　　　　　图2-102

（11）选择"选择"工具，选取星形，将其再次拖曳到适当的位置，并单击鼠标右键，复制图形，调整其大小，效果如图2-103所示。用相同的方法再次复制星形并调整其大小，效果如图2-104所示。

图2-103　　　　　　图2-104

（12）选择"选择"工具，用圈选的方法将两个星形同时选取，按数字键盘上的+键，复制图形，单击属性栏中的"水平镜像"按钮，水平翻转图形，效果如图2-105所示。将其拖曳到适当的位置，效果如图2-106所示。徽章绘制完成，效果如图2-107所示。

图2-105　　　　　　图2-106

图2-107

2.1.6　绘制多边形

选择"多边形"工具，在绘图页面中按住鼠标左键不放，拖曳光标到需要的位置，松开鼠标左键，多边形绘制完成，如图2-108所示。"多边形"属性栏如图2-109所示。

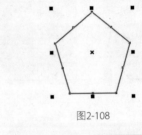

图2-108

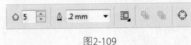

图2-109

设置"多边形"属性栏中的"点数或边数"数值为9，如图2-110所示，按Enter键，多边形效果如图2-111所示。

图2-110

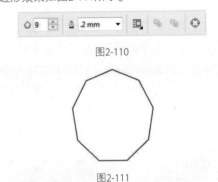

图2-111

绘制一个多边形，如图2-112所示。选择"形状"工具，单击轮廓线上的节点并按住鼠标左键不放，如图2-113所示，向多边形内或外拖曳轮廓线上的节点，如图2-114所示，可以将多边形改变为星形，效果如图2-115所示。

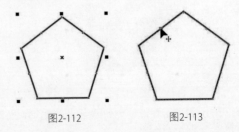

图2-112　　　　　　图2-113

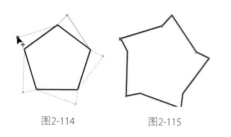

图2-114 　　　　　　图2-115

2.1.7 绘制星形

选择"多边形"工具 ，展开式工具栏中的 "星形"工具 ，在绘图页面中按住鼠标左键不 放，拖曳光标到需要的位置，松开鼠标左键，星 形绘制完成，如图2-116所示；"星形"属性栏如 图2-117所示；设置"星形"属性栏中的"点数 或边数" 数值为8，按Enter键，星形效果如图 2-118所示。

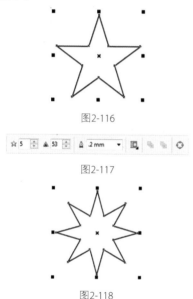

图2-116

图2-117

图2-118

2.1.8 绘制螺旋形

1．绘制对称式螺旋

选择"螺纹"工具 ，在绘图页面中按住 鼠标左键不放，从左上角向右下角拖曳光标到需 要的位置，松开鼠标左键，对称式螺旋线绘制完 成，如图2-119所示，属性栏如图2-120所示。

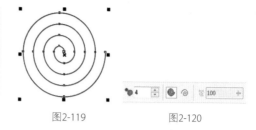

图2-119 　　　　　　图2-120

如果从右下角向左上角拖曳光标到需要的位 置，可以绘制出反向的对称式螺旋线。在 框 中可以重新设定螺旋线的圈数，绘制需要的螺旋 线效果。

2．绘制对数螺旋

选择"螺纹"工具 ，在属性栏中单击"对 数螺纹"按钮 ，在绘图页面中按住鼠标左键不 放，从左上角向右下角拖曳光标到需要的位置， 松开鼠标左键，对数式螺旋线绘制完成，如图 2-121所示，属性栏如图2-122所示。

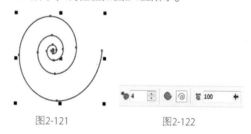

图2-121 　　　　　　图2-122

在 中可以重新设定螺旋线的扩展参 数，将数值分别设定为80和20时，螺旋线向外扩 展的幅度会逐渐变小，如图2-123所示。当数值为 1时，将绘制出对称式螺旋线。

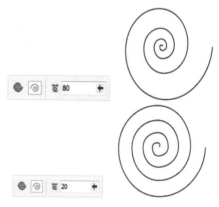

图2-123

按A键，快速选择"螺纹"工具 ，可在绘图页面中适当的位置绘制螺旋线。

按住Ctrl键，可在绘图页面中绘制正圆螺旋线。

按住Shift键，在绘图页面中会以当前点为中心绘制螺旋线。

按住Shift+Ctrl组合键，在绘图页面中会以当前点为中心绘制正圆螺旋线。

2.2 编辑对象

在CorelDRAW X7中，可以使用强大的图形对象编辑功能对图形对象进行编辑，其中包括对象的多种选取方式，对象的缩放、移动、镜像、复制和删除以及对象的调整。本节将讲解多种编辑图形对象的方法和技巧。

命令介绍

缩放命令：用于对图形对象进行缩放。

旋转命令：用于旋转图形对象。

复制命令：用于复制一个或多个图形对象。

镜像命令：用于使对象沿水平、垂直或对角线方向翻转镜像。

2.2.1 课堂案例——绘制卡通汽车

【**案例学习目标**】学习使用对象编辑方法绘制卡通汽车。

【**案例知识要点**】使用矩形工具、椭圆形工具、变换泊坞窗、图框精确剪裁命令和水平镜像按钮绘制卡通汽车，效果如图2-124所示。

【**效果所在位置**】Ch02/效果/绘制卡通汽车.cdr。

图2-124

（1）按Ctrl+N组合键，新建一个A4页面。选择"矩形"工具 ，在属性栏中的设置如图2-125

所示，在页面中绘制一个圆角矩形，效果如图2-126所示。

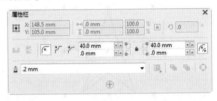

图2-125

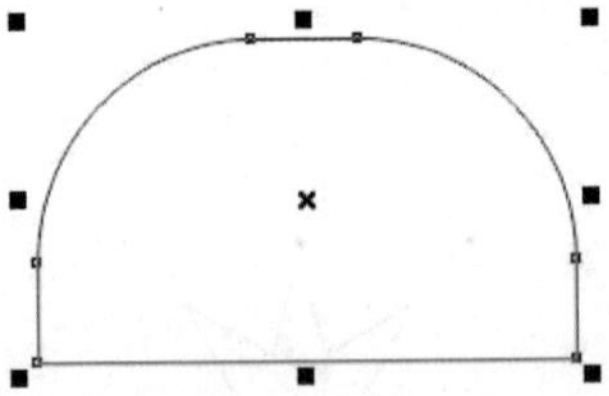

图2-126

（2）保持图形选取状态。设置图形颜色的CMYK值为0、90、100、0，填充图形，并去除图形的轮廓线，效果如图2-127所示。选择"选择"工具 ，按住Shift键的同时，向内拖曳圆角矩形右上角的控制手柄到适当的位置，再单击鼠标右键，复制一个圆角矩形。设置图形颜色的CMYK值为60、0、20、0，填充图形，效果如图2-128所示。

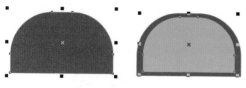

图2-127　　　　　　　图2-128

（3）选择"矩形"工具▢，绘制一个矩形，在属性栏中将"转角半径"选项均设为30mm，按Enter键，圆角矩形效果如图2-129所示。在"CMYK调色板"中的"90%黑"色块上单击鼠标左键，填充图形，并去除图形的轮廓线，效果如图2-130所示。

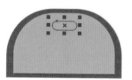

图2-129　　　　　　　图2-130

（4）选择"矩形"工具▢，在属性栏中的设置如图2-131所示，在适当的位置绘制一个圆角矩形，效果如图2-132所示。设置图形颜色的CMYK值为0、90、100、0，填充图形，并去除图形的轮廓线，效果如图2-133所示。

图2-131

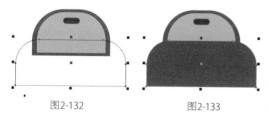

图2-132　　　　　　　图2-133

（5）选择"矩形"工具▢，在属性栏中的设置如图2-134所示，在适当的位置绘制一个圆角矩形，效果如图2-135所示。设置图形颜色的CMYK值为60、0、20、0，填充图形，并去除图形的轮廓线，效果如图2-136所示。

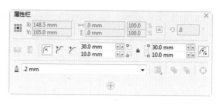

图2-134

图2-135　　　　　　　图2-136

（6）保持图形选取状态。按Alt+F9组合键，弹出"变换"泊坞窗，选项的设置如图2-137所示，单击"应用"按钮。设置图形颜色的CMYK值为80、0、20、20，填充图形，效果如图2-138所示。

图2-137　　　　　　　图2-138

（7）选择"椭圆形"工具▢，按住Ctrl键的同时，在适当的位置绘制一个圆形。设置图形颜色的CMYK值为60、0、20、0，填充图形，并去除图形的轮廓线，效果如图2-139所示。

（8）选择"选择"工具▢，按住Shift键的同时，向内拖曳圆形右上角的控制手柄到适当的位置，再单击鼠标右键，复制一个圆形。填充图形为白色，效果如图2-140所示。

图2-139　　　　　　　图2-140

（9）选择"选择"工具，用圈选的方法选取需要的图形，按数字键盘上的+键，复制图形。按住Shift键的同时，水平向右拖曳复制的图形到适当的位置，效果如图2-141所示。

图2-141

（10）选择"椭圆形"工具，按住Ctrl键的同时，在适当的位置绘制一个圆形。在"CMYK调色板"中的"90%黑"色块上单击鼠标左键，填充图形，并去除图形的轮廓线，效果如图2-142所示。选择"选择"工具，按数字键盘上的+键，复制图形。按住Shift键的同时，水平向右拖曳复制的图形到适当的位置，效果如图2-143所示。

图2-142 　　　　　图2-143

（11）选择"矩形"工具，绘制一个矩形，在属性栏中将"转角半径"选项均设为10mm，按Enter键，圆角矩形效果如图2-144所示。设置图形颜色的CMYK值为60、0、20、0，填充图形，并去除图形的轮廓线，效果如图2-145所示。

图2-144 　　　　　图2-145

（12）选择"矩形"工具，在适当的位置绘制一个矩形，设置图形颜色的CMYK值为80、

0、20、20，填充图形，并去除图形的轮廓线，效果如图2-146所示。

图2-146

（13）保持图形选取状态。在"变换"泊坞窗中单击"倾斜"按钮，切换到相应的面板，勾选"使用锚点"复选框，其他选项的设置如图2-147所示，单击"应用"按钮，倾斜图形，效果如图2-148所示。

图2-147

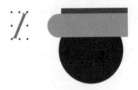

图2-148

（14）保持图形选取状态。在"变换"泊坞窗中单击"位置"按钮，切换到相应的面板，选项的设置如图2-149所示，单击"应用"按钮，移动并复制图形，效果如图2-150所示。

图2-149

图2-150

（15）选择"选择"工具 ，按住Shift键的同时，选取复制的图形，按Ctrl+G组合键，将其群组。按Ctrl+PageDown组合键，将群组图形向后移动一层，效果如图2-151所示。

图2-151

（16）选择"对象 > 图框精确剪裁 > 置于图文框内部"命令，鼠标的指针变为黑色箭头形状，在圆角矩形上单击鼠标左键，如图2-152所示，将群组图形置入圆角矩形，效果如图2-153所示。

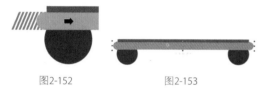

图2-152　　　　　图2-153

（17）选择"3点矩形"工具 ，绘制一个矩形，在属性栏中将"转角半径"选项均设为10mm，按Enter键，圆角矩形效果如图2-154所示。设置图形颜色的CMYK值为60、0、20、0，填充图形，并去除图形的轮廓线，效果如图2-155所示。

图2-154　　　　　图2-155

（18）选择"选择"工具 ，按数字键盘上的+键，复制图形。按住Shift键的同时，水平向右拖曳复制的图形到适当的位置，效果如图2-156所示。单击属性栏中的"水平镜像"按钮 ，水平翻转图形，效果如图2-157所示。卡通汽车绘制完成。

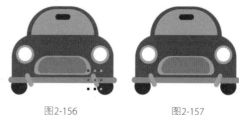

图2-156　　　　　图2-157

2.2.2 对象的选取

在CorelDRAW X7中，新建一个图形对象时，一般图形对象呈选取状态，在对象的周围出现圈选框，圈选框是由8个控制手柄组成的。对象的中心有一个"X"形的中心标记。对象的选取状态如图2-158所示。

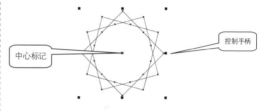

中心标记　　　　控制手柄

图2-158

🔍 **提示**

在CorelDRAW X7中，如果要编辑一个对象，首先要选取这个对象。当选取多个图形对象时，多个图形对象共有一个圈选框。要取消对象的选取状态，只要在绘图页面中的其他位置单击鼠标左键或按Esc键即可。

1. 用鼠标点选的方法选取对象

选择"选择"工具 ，在要选取的图形对象上单击鼠标左键，即可以选取该对象。

选取多个图形对象时，按住Shift键，依次单击选取的对象即可，同时选取的效果如图2-159所示。

图2-159

2. 用鼠标圈选的方法选取对象

选择"选择"工具，在绘图页面中要选取的图形对象外围单击鼠标左键并拖曳光标，拖曳后会出现一个蓝色的虚线圈选框，如图2-160所示。在圈选框完全圈选住对象后松开鼠标左键，被圈选的对象即处于选取状态，如图2-161所示。用圈选的方法可以同时选取一个或多个对象。

图2-160　　　　　图2-161

在圈选的同时按住Alt键，蓝色的虚线圈选框接触到的对象都将被选取，如图2-162所示。

图2-162

3. 使用命令选取对象

选择"编辑 > 全选"子菜单下的各个命令来选取对象，按Ctrl+A组合键，可以选取绘图页面中的全部对象。

🔎 技巧

当绘图页面中有多个对象时，按空格键，快速选择"选择"工具，连续按Tab键，可以依次选择下一个对象。按住Shift键，再连续按Tab键，可以依次选择上一个对象。按住Ctrl键，用光标点选可以选取群组中的单个对象。

2.2.3　对象的缩放

1. 使用鼠标缩放对象

使用"选择"工具选取要缩放的对象，对象的周围出现控制手柄。

用鼠标拖曳控制手柄可以缩放对象。拖曳对角线上的控制手柄可以按比例缩放对象，如图2-163所示。拖曳中间的控制手柄可以不按比例缩放对象，如图2-164所示。

图2-163

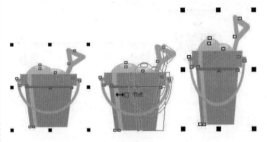

图2-164

拖曳对角线上的控制手柄时，按住Ctrl键，对象会以100%的比例缩放。同时按下Shift+Ctrl组合键，对象会以100%的比例从中心缩放。

2. 使用"自由变换"工具缩放对象

选择"选择"工具并选取要缩放的对象，对象的周围出现控制手柄。选择"选择"工具展开式工具栏中的"自由变换"工具，选中"自由缩放"按钮，属性栏如图2-165所示。

| ↻ ⟲ ▦ ⇄ | ▦ | X: 104.849 mm | ⟷ 79.355 mm | 100.0 % | ⬚ ↻ .0 | ⊕ 104.849 mm | 凶 記 — .0 | ⚬ ⚬ 甲 ⊕ |
| | | Y: 148.486 mm | ⤦ 86.785 mm | 100.0 % | | ⊕ 148.486 mm | ↑ .0 | |

图2-165

在"自由变形"属性栏的"对象大小" 框中，输入对象的宽度和高度。如果选择了"缩放因子" 框中的锁按钮 🔒 ，则宽度和高度将按比例缩放，只要改变宽度和高度中的一个值，另一个值就会自动按比例调整。在"自由变形"属性栏中调整好宽度和高度后，按Enter键完成对象的缩放，缩放的效果如图2-166所示。

图2-166

3. 使用"变换"泊坞窗缩放对象

使用"选择"工具 🔧 选取要缩放的对象，如图2-167所示。选择"窗口 > 泊坞窗 > 变换 > 大小"命令，或按Alt+F10组合键，弹出"变换"泊坞窗，如图2-168所示。其中，"x"表示宽度，"y"表示高度。如果不勾选"按比例"复选框，就可以不按比例缩放对象。

在"变换"泊坞窗中，图2-169所示的是可供选择的圈选框控制手柄8个点的位置，单击一个按钮可以定义一个在缩放对象时保持固定不动的点，缩放的对象将基于这个点进行缩放。这个点可以决定缩放后的图形与原图形的相对位置。

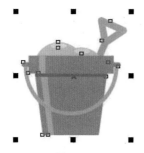

图2-167

图2-168

图2-169

设置好需要的数值，如图2-170所示，单击"应用"按钮，完成对象的缩放，效果如图2-171所示。"副本"选项，可以复制生成多个缩放好的对象。

图2-170　　　　　　　图2-171

选择"窗口 > 泊坞窗 > 变换 > 缩放和镜像"命令，或按Alt+F9组合键，在弹出的"变换"泊坞窗中可以对对象进行缩放。

2.2.4 对象的移动

1. 使用工具和键盘移动对象

使用"选择"工具 🔧 选取要移动的对象，如图2-172所示。使用"选择"工具 🔧 或其他的绘图工具，将鼠标的光标移到对象的中心控制点，光标将变为十字箭头形 ✥ ，如图2-173所示。按住鼠标左键不放，拖曳对象到需要的位置，松开鼠标左键，完成对象的移动，效果如图2-174所示。

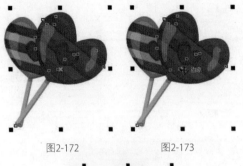

图2-172   图2-173

图2-174

图2-175

选取要移动的对象，用键盘上的方向键可以微调对象的位置，系统使用默认值时，对象将以0.1英寸（0.25cm）的增量移动。选择"选择"工具 后不选取任何对象，在属性栏的 框中可以重新设定每次微调移动的距离。

2. 使用属性栏移动对象

选取要移动的对象，在属性栏的"对象位置" 框中输入对象要移动到的新位置的横坐标和纵坐标，可移动对象。

3. 使用"变换"泊坞窗移动对象

选取要移动的对象，选择"窗口 > 泊坞窗 > 变换 > 位置"命令，或按Alt+F7组合键，将弹出"变换"泊坞窗，"x"表示对象所在位置的横坐标，"y"表示对象所在位置的纵坐标。如果勾选"相对位置"复选框，对象将相对于原位置的中心进行移动。设置好后，单击"应用"按钮，或按Enter键，完成对象的移动。移动前后的位置如图2-175所示。

设置好数值后，在"副本"选项中输入数值1，可以在移动的新位置复制生成一个新的对象。

2.2.5　对象的镜像

镜像效果经常被应用到设计作品中。在CorelDRAW X7中，可以使用多种方法使对象沿水平、垂直或对角线的方向做镜像翻转。

1. 使用鼠标镜像对象

选取镜像对象，如图2-176所示。按住鼠标左键直接拖曳控制手柄到相对的边，直到显示对象的蓝色虚线框，如图2-177所示。松开鼠标左键就可以得到不规则的镜像对象，如图2-178所示。

图2-176

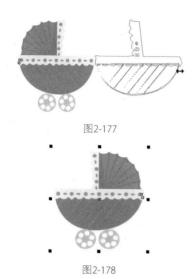

图2-177

图2-178

按住Ctrl键，直接拖曳左边或右边中间的控制手柄到相对的边，可以完成保持原对象比例的水平镜像，如图2-179所示。按住Ctrl键，直接拖曳上边或下边中间的控制手柄到相对的边，可以完成保持原对象比例的垂直镜像，如图2-180所示。按住Ctrl键，直接拖曳边角上的控制手柄到相对的边，可以完成保持原对象比例的沿对角线方向的镜像，如图2-181所示。

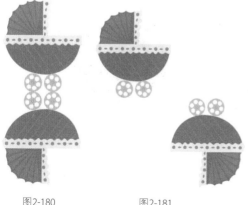

图2-179

图2-180　　　　　图2-181

提示

在镜像的过程中，只能使对象本身产生镜像。如果想产生图2-179、图2-180和图2-181所示的效果，就要在镜像的位置生成一个复制对象。方法很简单，在松开鼠标左键之前按下鼠标右键，就可以在镜像的位置生成一个复制对象。

2. 使用属性栏镜像对象

使用"选择"工具 选取要镜像的对象，如图2-182所示，属性栏如图2-183所示。

图2-182

图2-183

单击属性栏中的"水平镜像"按钮 ，可以使对象沿水平方向做镜像翻转。单击"垂直镜像"按钮 ，可以使对象沿垂直方向做镜像翻转。

3. 使用"变换"泊坞窗镜像对象

选取要镜像的对象，选择"窗口 > 泊坞窗 > 变换 > 缩放和镜像"命令，或按Alt+F9组合键，弹出"变换"泊坞窗，单击"水平镜像"按钮 ，可以使对象沿水平方向做镜像翻转。单击"垂直镜像"按钮 ，可以使对象沿垂直方向做镜像翻转。设置好需要的数值，单击"应用"按钮即可看到镜像效果。

还可以设置产生一个变形的镜像对象。"变

换"泊坞窗进行如图2-184所示的参数设定，设置好后，单击"应用到再制"按钮，生成一个变形的镜像对象，效果如图2-185所示。

图2-184

图2-185

2.2.6 对象的旋转

1. 使用鼠标旋转对象

使用"选择"工具，选取要旋转的对象，对象的周围出现控制手柄。再次单击对象，这时对象的周围出现旋转✔和倾斜➡控制手柄，如图2-186所示。

图2-186

将鼠标的光标移动到旋转控制手柄上，这时的光标变为旋转符号↻，如图2-187所示。按住鼠标左键，拖曳鼠标旋转对象，旋转时对象会出现蓝色的虚线框指示旋转方向和角度，如图2-188所示。旋转到需要的角度后，松开鼠标左键，完成对象的旋转，效果如图2-189所示。

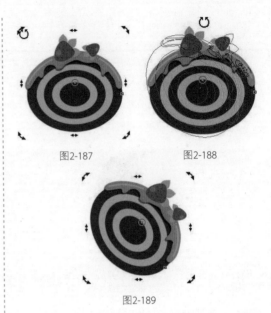

图2-187　　　　　图2-188

图2-189

对象是围绕旋转中心⊙旋转的，默认的旋转中心⊙是对象的中心点，将鼠标指针移动到旋转中心上，按住鼠标左键拖曳旋转中心⊙到需要的位置，松开鼠标左键，完成对旋转中心的移动。

2. 使用属性栏旋转对象

选取要旋转的对象，效果如图2-190所示。选择"选择"工具，在属性栏的"旋转角度"文本框中输入旋转的角度数值为30，如图2-191所示，按Enter键，效果如图2-192所示。

图2-190

图2-191

图2-192

3. 使用"变换"泊坞窗旋转对象

选取要旋转的对象，如图2-193所示。选择"窗口 > 泊坞窗 > 变换 > 旋转"命令，或按Alt+F8组合键，弹出"变换"泊坞窗，设置如图2-194所示。也可以在已打开的"变换"泊坞窗中单击"旋转"按钮 ○ 。

图2-193

图2-194

在"变换"泊坞窗的"旋转"设置区的"角度"选项框中直接输入旋转的角度数值，旋转角度数值可以是正值也可以是负值。在"中心"选项的设置区中输入旋转中心的坐标位置。勾选"相对中心"复选框，对象的旋转将以选中的旋

转中心旋转。"变换"泊坞窗如图2-195所示进行设定，设置完成后，单击"应用"按钮，对象旋转的效果如图2-196所示。

图2-195

图2-196

2.2.7 对象的倾斜变形

1. 使用鼠标倾斜变形对象

选取要倾斜变形的对象，对象的周围出现控制手柄。再次单击对象，这时对象的周围出现旋转 ✔ 和倾斜 ↔ 控制手柄，如图2-197所示。

将鼠标的光标移动到倾斜控制手柄上，光标变为倾斜符号 ⇄ ，如图2-198所示。按住鼠标左键，拖曳鼠标变形对象，倾斜变形时对象会出现蓝色的虚线框指示倾斜变形的方向和角度，如图2-199所示。倾斜到需要的角度后，松开鼠标左键，对象倾斜变形的效果如图2-200所示。

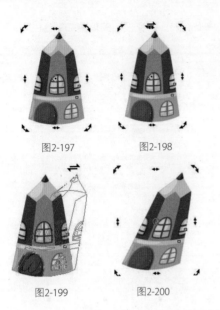

图2-197　　　　　图2-198

图2-199　　　　　图2-200

2. 使用"变换"泊坞窗倾斜变形对象

选取要倾斜变形的对象，如图2-201所示。选择"窗口 > 泊坞窗 > 变换 > 倾斜"命令，弹出"变换"泊坞窗，如图2-202所示。也可以在已打开的"变换"泊坞窗中单击"倾斜"按钮 。

图2-201　　　　　　　图2-202

在"变换"泊坞窗中设定倾斜变形对象的数值，如图2-203所示，单击"应用"按钮，对象产生倾斜变形，效果如图2-204所示。

图2-203　　　　　　图2-204

2.2.8　对象的复制

1. 使用命令复制对象

选取要复制的对象，如图2-205所示。选择"编辑 > 复制"命令，或按Ctrl+C组合键，对象的副本将被放置在剪贴板中。选择"编辑 > 粘贴"命令，或按Ctrl+V组合键，对象的副本被粘贴到原对象的下面，位置和原对象是相同的。用鼠标移动对象，可以显示复制的对象，如图2-206所示。

图2-205　　　　图2-206

🔍提示

选择"编辑 > 剪切"命令，或按Ctrl+X组合键，对象将从绘图页面中删除并被放置在剪贴板上。

2. 使用鼠标拖曳方式复制对象

选取要复制的对象，如图2-207所示。将鼠标指针移动到对象的中心点上，光标变为移动光标✛，如图2-208所示。按住鼠标左键拖曳对象到需要的位置，如图2-209所示。在位置合适后单击鼠标右键，对象的复制完成，效果如图2-210所示。

选取要复制的对象，用鼠标右键单击并拖曳对象到需要的位置，松开鼠标右键后弹出如图2-211所示的快捷菜单，选择"复制"命令，对象的复制完成，如图2-212所示。

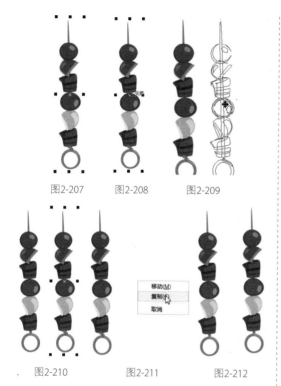

图2-207　　　图2-208　　　　图2-209

图2-210　　　　图2-211　　　　　图2-212

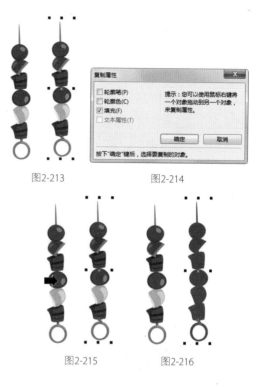

图2-213　　　　　　图2-214

图2-215　　　　　图2-216

使用"选择"工具 选取要复制的对象，在数字键盘上按+键，可以快速复制对象。

技巧

可以在两个不同的绘图页面中复制对象，使用鼠标左键拖曳其中一个绘图页面中的对象到另一个绘图页面中，在松开鼠标左键前单击鼠标右键即可复制对象。

3. 使用命令复制对象属性

选取要复制属性的对象，如图2-213所示。选择"编辑 > 复制属性自"命令，弹出"复制属性"对话框，在对话框中勾选"填充"复选框，如图2-214所示，单击"确定"按钮，鼠标光标显示为黑色箭头，在要复制其属性的对象上单击，如图2-215所示，对象的属性复制完成，效果如图2-216所示。

2.2.9　对象的删除

在CorelDRAW X7中，可以方便快捷地删除对象。下面介绍如何删除不需要的对象。

选取要删除的对象，选择"编辑 > 删除"命令，或按Delete键，如图2-217所示，可以将选取的对象删除。

图2-217

提示

如果想删除多个或全部的对象，首先要选取这些对象，再执行"删除"命令或按Delete键。

课堂练习——制作铅笔图标

【练习知识要点】使用矩形工具、转换为曲线命令、形状工具、复制命令和镜像命令绘制铅笔笔体，使用多边形工具和形状工具绘制笔尖，使用矩形工具、多边形工具、椭圆形工具、3点椭圆工具和复制命令制作笔帽，效果如图2-218所示。

【效果所在位置】Ch02/效果/制作铅笔图标.cdr。

图2-218

课后习题——绘制卡通手表

【习题知识要点】使用椭圆形工具和矩形工具绘制表盘和表带，使用矩形工具和简化命令制作表扣，效果如图2-219所示。

【效果所在位置】Ch02/效果/绘制卡通手表.cdr。

图2-219

第 3 章

绘制和编辑曲线

本章介绍

　　CorelDRAW X7提供了多种绘制和编辑曲线的方法。绘制曲线是进行图形作品绘制的基础。而应用修整功能可以制作出复杂多变的图形效果。通过对本章的学习，读者可以更好地掌握绘制曲线和修整图形的方法，为绘制出更复杂、更绚丽的作品打好基础。

学习目标

◆ 了解曲线的概念。

◆ 掌握绘制曲线的方法。

◆ 掌握编辑曲线的技巧。

◆ 熟练掌握修整功能里的各种命令操作。

技能目标

◆ 掌握"卡通猫"的绘制方法。

◆ 掌握"雪糕"的绘制方法。

在CorelDRAW X7中，绘制出的作品都是由几何对象构成的，而几何对象的构成元素是直线和曲线。通过学习绘制直线和曲线，可以进一步掌握CorelDRAW X7的强大绘图功能。

命令介绍

贝塞尔工具：可以绘制平滑、精确的曲线，可以通过确定节点和改变控制点的位置来控制曲线的弯曲度。

艺术笔工具：可以绘制出多种精美的线条和图形；可以模仿画笔的真实效果，在画面中产生丰富的变化，绘制出不同风格的设计作品。

3.1.1 课堂案例——绘制卡通猫

【**案例学习目标**】学习使用3点曲线工具、B样条工具、2点线工具和贝塞尔工具绘制卡通猫。

【**案例知识要点**】使用贝塞尔工具和钢笔工具绘制卡通猫身体及尾巴，使用3点曲线工具、B样条工具、2点线工具绘制装饰图形，使用轮廓笔对话框填充图形，效果如图3-1所示。

【**效果所在位置**】Ch03/效果/绘制卡通猫.cdr。

图3-1

（1）按Ctrl+N组合键，新建一个A4页面。选择"贝塞尔"工具 ，在适当的位置绘制一个图形，如图3-2所示。设置图形颜色的CMYK值为2、

64、47、0，填充图形，在"无填充"按钮 上单击鼠标右键，去除图形的轮廓线，效果如图3-3所示。

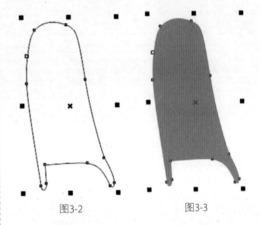

图3-2   图3-3

（2）选择"3点曲线"工具 ，在适当的位置绘制一条曲线，如图3-4所示，按F12键，弹出"轮廓笔"对话框，在"颜色"选项中设置轮廓线颜色的CMYK值为62、100、100、59，其他选项的设置如图3-5所示，单击"确定"按钮，效果如图3-6所示。

图3-4

图3-5

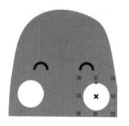

图3-9

（6）选择"B样条"工具 ，在适当的位置绘制一个图形，如图3-10所示。设置图形颜色的CMYK值为62、100、100、59，填充图形，效果如图3-11所示。

图3-10　　　　图3-11

图3-6

（3）选择"选择"工具，按数字键盘上的+键，复制图形。按住Shift键的同时，水平向右拖曳图形到适当的位置，效果如图3-7所示。

（4）选择"椭圆形"工具，按住Ctrl键的同时，绘制一个圆形。设置图形颜色为白色，填充图形，并去除图形的轮廓线，效果如图3-8所示。

（5）选择"选择"工具，按数字键盘上的+键，复制图形。按住Shift键的同时，水平向右拖曳图形到适当的位置，效果如图3-9所示。

（7）选择"B样条"工具 ，在适当的位置绘制一条曲线，如图3-12所示。按F12键，弹出"轮廓笔"对话框，在"颜色"选项中设置轮廓线颜色的CMYK值为62、100、100、59，其他选项的设置如图3-13所示，单击"确定"按钮，效果如图3-14所示。

图3-12

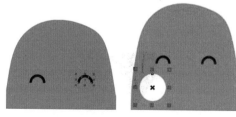

图3-7　　　　图3-8

图3-13

图3-14

（8）选择"B样条"工具，在适当的位置绘制一个图形，设置图形颜色为白色，填充图形，并去除图形的轮廓线，效果如图3-15所示。按Ctrl+PageDown组合键，后移图形，效果如图3-16所示。

图3-15　　　　　　　图3-16

（9）选择"2点线"工具，绘制一条直线，如图3-17所示。按F12键，弹出"轮廓笔"对话框，在"颜色"选项中设置轮廓线颜色的CMYK值为62、100、100、59，其他选项的设置如图3-18所示，单击"确定"按钮，效果如图3-19所示。用相同的方法绘制其他图形，效果如图3-20所示。

图3-17

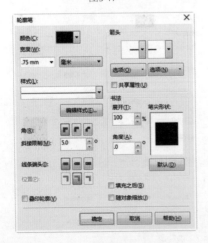

图3-18

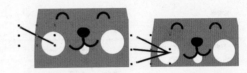

图3-19　　　　　　　图3-20

（10）选择"选择"工具，用圈选的方法选取需要的图形，如图3-21所示，按Ctrl+G组合键，将其进行群组。按数字键盘上的+键，复制图形。单击属性栏中的"水平镜像"按钮，水平翻转复制的图形，再单击属性栏中的"垂直镜像"按钮，垂直翻转复制的图形，将其拖曳到适当的位置，效果如图3-22所示。

图3-21　　　　　　　图3-22

（11）选择"贝塞尔"工具，在适当的位置绘制一个图形，设置图形颜色的CMYK值为62、100、100、59，填充图形，并去除图形的轮廓线，效果如图3-23所示。连续多次按Ctrl+PageDown组合键，向后移动图形，效果如图3-24所示。

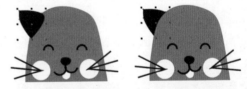

图3-23　　　　　　　图3-24

（12）选择"3点曲线"工具，绘制一条曲线，如图3-25所示，按F12键，弹出"轮廓笔"对话框，在"颜色"选项中设置轮廓线颜色的CMYK值为2、64、47、0，其他选项的设置如图3-26所示，单击"确定"按钮，效果如图3-27所示。用相同的方法绘制其他曲线，效果如图3-28所示。

图3-25

图3-26

图3-31　　　　　　　图3-32

图3-27　　　　　　　图3-28

图3-33

（13）选择"3点椭圆形"工具 ，在适当的位置绘制一个椭圆形，设置图形颜色的CMYK值为100、89、55、16，填充图形，并去除图形的轮廓线，效果如图3-29所示。

（14）选择"B样条"工具 ，在适当的位置绘制一个图形，设置图形颜色的CMYK值为69、11、26、0，填充图形，并去除图形的轮廓线，效果如图3-30所示。

（16）选择"B样条"工具 ，在适当的位置绘制一个图形，设置图形颜色的CMYK值为69、11、26、0，填充图形，并去除图形的轮廓线，效果如图3-34所示。用相同的方法绘制其他图形，并分别填充适当的颜色，效果如图3-35所示。

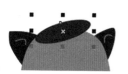

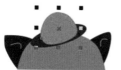

图3-29　　　　　　　图3-30

图3-34　　　　　　　图3-35

（15）选择"钢笔"工具 ，在适当的位置绘制图形，设置图形颜色的CMYK值为100、89、55、16，填充图形，效果如图3-31所示。用相同的方法绘制其他图形，并填充适当的颜色，效果如图3-32所示。连续多次按Ctrl+PageDown组合键，向后移动图形，效果如图3-33所示。

3.1.2　认识曲线

在CorelDRAW X7中，曲线是矢量图形的组成部分。可以使用绘图工具绘制曲线，也可以将任何的矩形、多边形、椭圆以及文本对象转换成曲线。下面对曲线的节点、线段、控制线和控制点等概念进行讲解。

节点：构成曲线的基本要素，可以通过定位、调整节点、调整节点上的控制点来绘制和改变曲线的形状。通过在曲线上增加和删除节点使曲线的绘制更加简便。通过转换节点的性质，可以将直线和曲线的节点相互转换，使直线段转换为曲线段或曲线段转换为直线段。

线段：指两个节点之间的部分。线段包括直线段和曲线段，直线段在转换成曲线段后，可以进行曲线特性的操作，如图3-36所示。

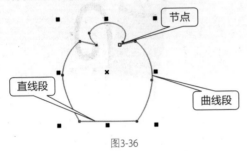

图3-36

控制线：在绘制曲线的过程中，节点的两端会出现蓝色的虚线。选择"形状"工具 ，在已经绘制好的曲线的节点上单击鼠标左键，节点的两端会出现控制线。

🔍**技巧**

直线的节点没有控制线。直线段转换为曲线段后，节点上会出现控制线。

控制点：在绘制曲线的过程中，节点的两端会出现控制线，在控制线的两端是控制点。通过拖曳或移动控制点可以调整曲线的弯曲程度，如图3-37所示。

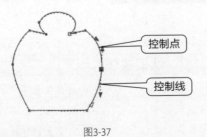

图3-37

3.1.3 贝塞尔工具

"贝塞尔"工具 可以绘制平滑、精确的曲线。可以通过确定节点和改变控制点的位置来控制曲线的弯曲度。可以使用节点和控制点对绘制完的直线或曲线进行精确的调整。

1. 绘制直线和折线

选择"贝塞尔"工具 ，在绘图页面中单击鼠标左键以确定直线的起点，拖曳鼠标指针到需要的位置，再单击鼠标左键以确定直线的终点，绘制出一段直线。只要确定下一个节点，就可以绘制出折线的效果。如果想绘制出多个折角的折线，只要继续确定节点即可，如图3-38所示。

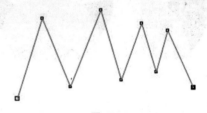

图3-38

如果双击折线上的节点，将删除这个节点，折线的另外两个节点将自动连接，效果如图3-39所示。

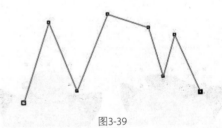

图3-39

2. 绘制曲线

选择"贝塞尔"工具 ，在绘图页面中按住鼠标左键并拖曳光标以确定曲线的起点，松开鼠标左键，这时该节点的两边出现控制线和控制点，如图3-40所示。

将鼠标的光标移动到需要的位置单击并按住鼠标左键，在两个节点间出现一条曲线段，拖曳鼠标，第2个节点的两边出现控制线和控制点，控制线和控制点会随着光标的移动而发生变化，曲线的形状也会随之发生变化，调整到需要的效果后松开鼠标左键，如图3-41所示。

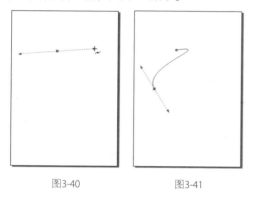

图3-40　　　　　　图3-41

在下一个需要的位置单击鼠标左键后，将出现一条连续的平滑曲线，如图3-42所示。用"形状"工具在第2个节点处单击鼠标左键，出现控制线和控制点，效果如图3-43所示。

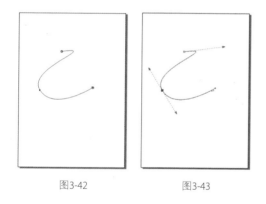

图3-42　　　　　　图3-43

🔍 提示

当确定一个节点后，在这个节点上双击，再单击确定下一个节点后出现直线。当确定一个节点后，在这个节点上双击鼠标左键，再单击确定下一个节点并拖曳这个节点后出现曲线。

3.1.4　艺术笔工具

在CorelDRAW X7中，使用"艺术笔"工具

可以绘制出多种精美的线条和图形，可以模仿画笔的真实效果，在画面中产生丰富的变化。通过使用"艺术笔"工具，可以绘制出不同风格的设计作品。

选择"艺术笔"工具，属性栏如图3-44所示。它包含了5种模式，分别是"预设"模式、"笔刷"模式、"喷涂"模式、"书法"模式和"压力"模式。下面具体介绍这5种模式。

图3-44

1. 预设模式

预设模式提供了多种线条类型，并且可以改变曲线的宽度。单击属性栏的"预设笔触"右侧的按钮，弹出其下拉列表，如图3-45所示。在线条列表框中单击选择需要的线条类型。

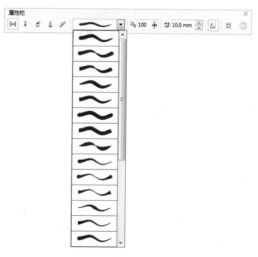

图3-45

单击属性栏中的"手绘平滑"设置区，弹出滑动条，拖曳滑动条或输入数值可以调节绘图时线条的平滑程度。在"笔触宽度"框中输入数值可以设置曲线的宽度。选择"预设"模式和线条类型后，鼠标的光标变为图标，在

绘图页面中按住鼠标左键并拖曳光标，可以绘制出封闭的线条图形。

2. 笔刷模式

笔刷模式提供了多种颜色样式的画笔，将画笔运用在绘制的曲线上，可以绘制出漂亮的效果。

在属性栏中单击"笔刷"模式按钮，单击属性栏的"笔刷笔触"右侧的按钮，弹出其下拉列表，如图3-46所示。在列表框中单击选择需要的笔刷类型，在页面中按住鼠标左键并拖曳光标，绘制出所需要的图形。

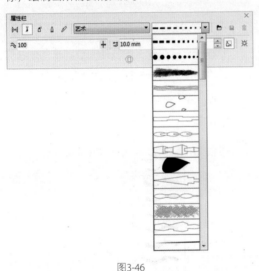

图3-46

3. 喷涂模式

喷涂模式提供了多种有趣的图形对象，这些图形对象可以应用在绘制的曲线上。可以在属性栏的"喷涂列表文件列表"下拉列表框中选择喷雾的形状来绘制需要的图形。

在属性栏中单击"喷涂"模式按钮，属性栏如图3-47所示。单击属性栏中"喷射图样"右侧的按钮，弹出其下拉列表，如图3-48所示。在列表框中单击选择需要的喷涂类型。单击属性栏中"选择喷涂顺序" 顺序 右侧的按钮，弹出

下拉列表，可以选择喷出图形的顺序。选择"随机"选项，喷出的图形将会随机分布。选择"顺序"选项，喷出的图形将会以方形区域分布。选择"按方向"选项，喷出的图形将会随光标拖曳的路径分布。在页面中按住鼠标左键并拖曳光标，绘制出需要的图形。

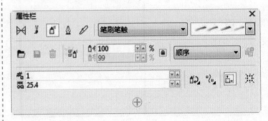

图3-47

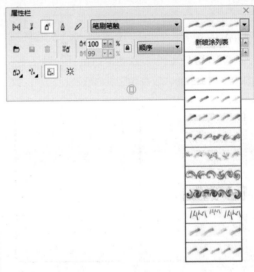

图3-48

4. 书法模式

书法模式可以绘制出类似书法笔的效果，可以改变曲线的粗细。

在属性栏中单击"书法"模式按钮，属性栏如图3-49所示。在属性栏的"书法的角度" 45.0 选项中，可以设置"笔触"和"笔尖"的角度。如果角度值设为0°，书法笔垂直方向画出的线条最粗，笔尖是水平的。如果角度值设置为90°，书法笔水平方向画出的线条最

粗，笔尖是垂直的。在绘图页面中按住鼠标左键并拖曳光标绘制图形。

图3-49

5. 压力模式

压力模式可以用压力感应笔或键盘输入的方式改变线条的粗细，应用好这个功能可以绘制出特殊的图形效果。

在属性栏的"预置笔触列表"模式中选择需要的画笔，单击"压力"模式按钮，属性栏如图3-50所示。在"压力"模式中设置好压力感应笔的平滑度和画笔的宽度，在绘图页面中按住鼠标左键并拖曳光标绘制图形。

图3-50

3.1.5 钢笔工具

"钢笔"工具可以绘制出多种精美的曲线和图形，还可以对已绘制的曲线和图形进行编辑和修改。在CorelDRAW X7中绘制的各种复杂图形都可以通过钢笔工具来完成。

1. 绘制直线和折线

选择"钢笔"工具，在绘图页面中单击鼠标左键以确定直线的起点，拖曳鼠标指针到需要的位置，再单击鼠标左键以确定直线的终点，绘制出一段直线，效果如图3-51所示。再继续单击鼠标左键确定下一个节点，就可以绘制出折线的效果。如果想绘制出多个折角的折线，只要继续单击鼠标左键确定节点就可以了，折线的效果如图3-52所示。要结束绘制，按Esc键或单击"钢笔"工具即可。

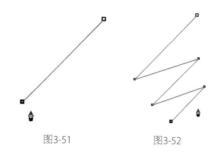

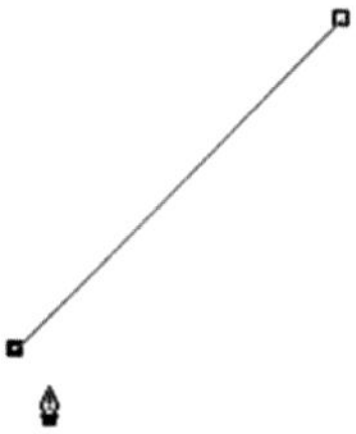

图3-51   图3-52

2. 绘制曲线

选择"钢笔"工具，在绘图页面中单击鼠标左键以确定曲线的起点。松开鼠标左键，将鼠标的光标移动到需要的位置再单击并按住鼠标左键不动，在两个节点间出现一条直线段，如图3-53所示。拖曳鼠标，第2个节点的两边出现控制线和控制点，控制线和控制点会随着光标的移动而发生变化，直线段变为曲线的形状，如图3-54所示。调整到需要的效果后松开鼠标左键，曲线的效果如图3-55所示。

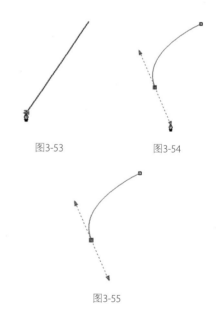

图3-53   图3-54

图3-55

使用相同的方法可以对曲线继续绘制，效果如图3-56和图3-57所示。绘制完成的曲线效果如图3-58所示。

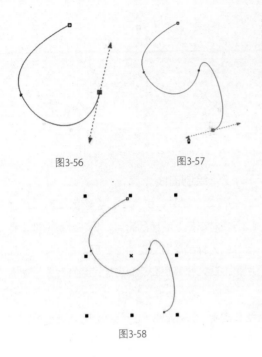

图3-56 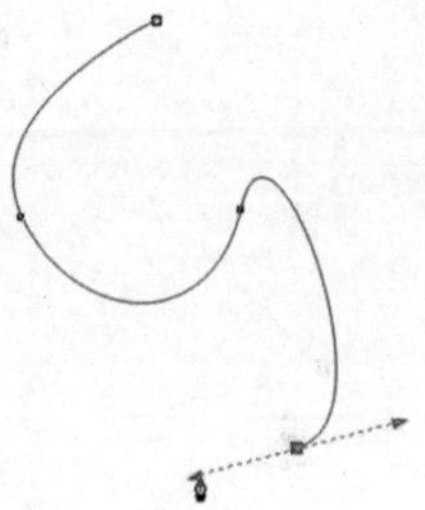　　　　　　　　图3-57

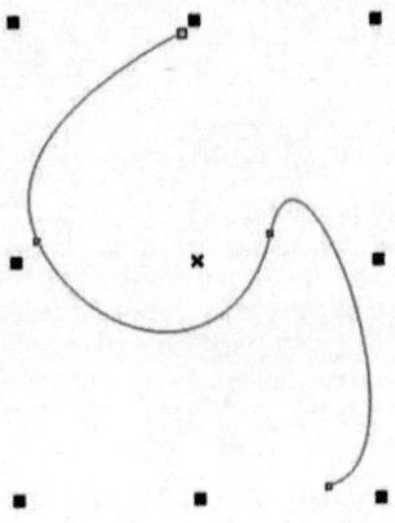

图3-58

如果想在绘制曲线后绘制出直线，按住C键，在要继续绘制出直线的节点上按住鼠标左键并拖曳光标，这时出现节点的控制点。松开C键，将控制点拖曳到下一个节点的位置，如图3-59所示。松开鼠标左键，再单击鼠标左键，可以绘制出一段直线，效果如图3-60所示。

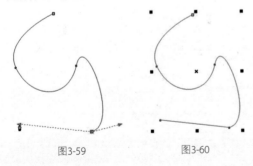

图3-59 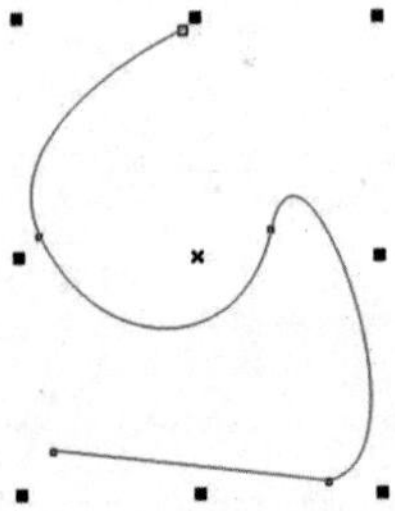　　　　　　　　图3-60

3. 编辑曲线

在"钢笔"工具属性栏中选择"自动添加或删除节点"按钮，曲线绘制的过程变为自动添加或删除节点模式。

将"钢笔"工具的光标移动到节点上，光标

变为删除节点图标，如图3-61所示。单击鼠标左键可以删除节点，效果如图3-62所示。

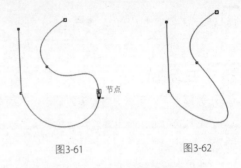

图3-61　　　　　　　　图3-62

将"钢笔"工具的光标移动到曲线上，光标变为添加节点图标，如图3-63所示。单击鼠标左键可以添加节点，效果如图3-64所示。

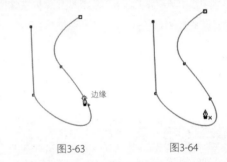

图3-63　　　　　　　　图3-64

将"钢笔"工具的光标移动到曲线的起始点，光标变为闭合曲线图标，如图3-65所示。单击鼠标左键可以闭合曲线，效果如图3-66所示。

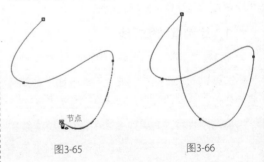

图3-65 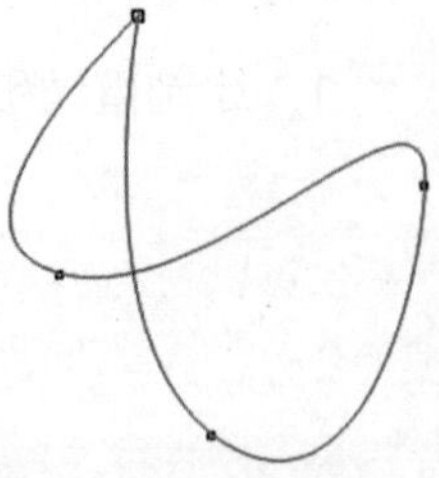　　　　　　　　图3-66

> **技巧**
>
> 绘制曲线的过程中，按住Alt键，可以编辑曲线段、进行节点的转换、移动和调整等操作；松开Alt键可以继续进行绘制。

3.2 编辑曲线

在CorelDRAW X7中，完成曲线或图形的绘制后，可能还需要进一步地调整曲线或图形来达到设计方面的要求，这时就需要使用CorelDRAW X7的编辑曲线功能来进行更完善的编辑。

命令介绍

转换直线为曲线：用于将直线转换为曲线，在曲线上出现节点，图形的对称性被保持。

生成对称节点：用于将节点两边控制线的长度调为相等，两边曲线的曲率也相等。

3.2.1 课堂案例——绘制雪糕

【案例学习目标】学习使用编辑曲线工具绘制雪糕。

【案例知识要点】使用基本形状工具、转换为曲线命令和形状工具绘制并编辑图形，使用矩形工具和轮廓笔工具绘制雪糕，效果如图3-67所示。

【效果所在位置】Ch03/效果/绘制雪糕.cdr。

图3-67

（1）按Ctrl+N组合键，新建一个A4页面。选择"矩形"工具▢，在适当的位置绘制矩形，在属性栏中单击"扇形角"按钮，在"转角半径" 框中设置数值为3.0mm，如图3-68所示，按Enter键。设置图形颜色的CMYK值为40、0、0、0，填充图形，并去除图形的轮廓线，效果如图3-69所示。

图3-68

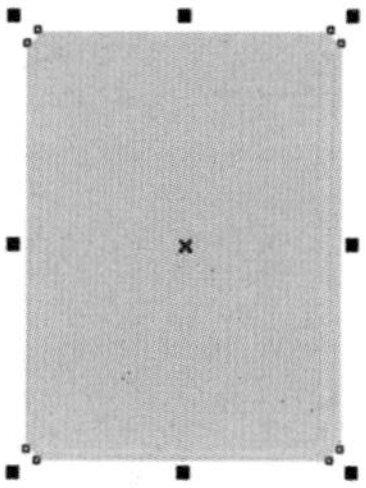

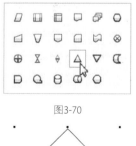

图3-69

（2）选择"基本形状"工具，在属性栏中单击"完美形状"按钮，在弹出的面板中选择需要的形状，如图3-70所示，在页面中拖曳鼠标绘制图形，如图3-71所示。

图3-70

图3-71

（3）选择"选择"工具，选取绘制的图形，单击属性栏中的"转换为曲线"按钮，将图形转换为曲线，如图3-72所示。选择"形状"工具，在适当的位置双击鼠标添加节点，如图3-73所示。

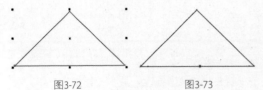

图3-72　　　　　　　　图3-73

（4）按住Shift键的同时，选取添加的节点，单击属性栏中的"转换为曲线"按钮，将节点转换为曲线点，效果如图3-74所示。选择"形状"工具，将需要的节点拖曳到适当的位置，效果如图3-75所示。

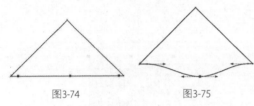

图3-74　　　　　　　　图3-75

（5）按住Shift键的同时，选取添加的节点，单击属性栏中的"转换为曲线"按钮，将节点转换为曲线点。选择"形状"工具，将需要的控制点拖曳到适当的位置，效果如图3-76所示。单击属性栏中的"平滑节点"按钮，平滑选取的节点，效果如图3-77所示。

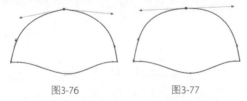

图3-76　　　　　　　　图3-77

（6）选择"形状"工具，将左下角的控制点拖曳到适当的位置，效果如图3-78所示。用相同的方法调整右下角的控制点，效果如图3-79所示。选择"选择"工具，选取需要的图形，如图3-80所示。将其拖曳到适当的位置，如图3-81所示。

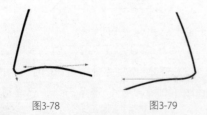

图3-78　　　　　　　　图3-79

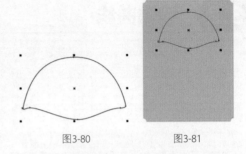

图3-80　　　　　　　　图3-81

（7）设置图形颜色的CMYK值为0、90、38、0，填充图形，效果如图3-82所示。按F12键，弹出"轮廓笔"对话框，将"颜色"选项设为白色，其他选项的设置如图3-83所示，单击"确定"按钮，效果如图3-84所示。

图3-82

图3-83

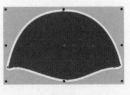

图3-84

（8）选择"矩形"工具 ，在适当的位置绘制矩形，在属性栏的"转角半径"框中进行设置，如图3-85所示，按Enter键，效果如图3-86所示。设置图形颜色的CMYK值为0、20、20、0，填充图形，效果如图3-87所示。

图3-85

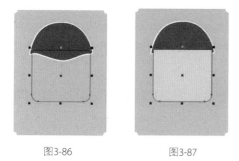

图3-86　　　　　　　图3-87

（9）按F12键，弹出"轮廓笔"对话框，将"颜色"选项设为白色，其他选项的设置如图3-88所示，单击"确定"按钮，效果如图3-89所示。按Ctrl+PageDown组合键，后移图形，效果如图3-90所示。

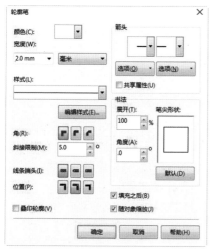

图3-88

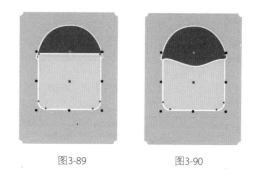

图3-89　　　　　　　图3-90

（10）选择"矩形"工具 ，在适当的位置绘制矩形，在属性栏的"转角半径"框中进行设置，如图3-91所示，按Enter键，效果如图3-92所示。设置图形颜色的CMYK值为6、33、50、0，填充图形，效果如图3-93所示。

图3-91

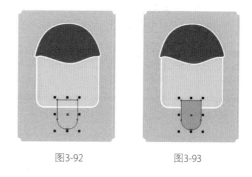

图3-92　　　　　　　图3-93

（11）按F12键，弹出"轮廓笔"对话框，将"颜色"选项设为白色，其他选项的设置如图3-94所示，单击"确定"按钮，效果如图3-95所示。按Ctrl+PageDown组合键，后移图形，效果如图3-96所示。雪糕图形绘制完成。

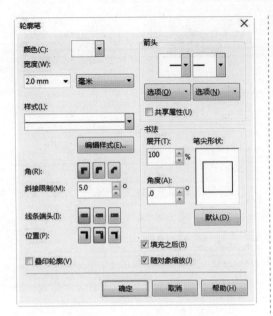

图3-94

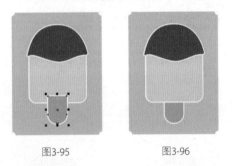

图3-95 　　　　　　图3-96

3.2.2　编辑曲线的节点

　　节点是构成图形对象的基本要素，用"形状"工具选择曲线或图形对象后，会显示曲线或图形的全部节点。通过移动节点和节点的控制点、控制线可以编辑曲线或图形的形状，还可以通过增加和删除节点来进一步编辑曲线或图形。

　　绘制一条曲线，如图3-97所示。使用"形状"工具，单击选中曲线上的节点，如图3-98所示。弹出的属性栏如图3-99所示。

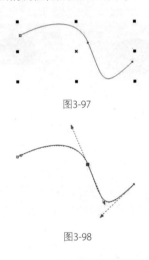

图3-97

图3-98

图3-99

　　在属性栏中有3种节点类型：尖突节点、平滑节点和对称节点。节点类型的不同决定了节点控制点的属性也不同，单击属性栏中的按钮可以转换3种节点的类型。

　　尖突节点：尖突节点的控制点是独立的，当移动一个控制点时，另外一个控制点并不移动，从而使得通过尖突节点的曲线能够尖突弯曲。

　　平滑节点：平滑节点的控制点之间是相关的，当移动一个控制点时，另外一个控制点也会随之移动，通过平滑节点连接的线段将产生平滑的过渡。

　　对称节点：对称节点的控制点不仅是相关的，而且控制点和控制线的长度是相等的，从而使得对称节点两边曲线的曲率也是相等的。

1. 选取并移动节点

　　绘制一个图形，如图3-100所示。选择"形状"工具，单击鼠标左键选取节点，如图3-101所示，按住鼠标左键拖曳鼠标，节点被移动，如图3-102所示。松开鼠标左键，图形调整的效果如图3-103所示。

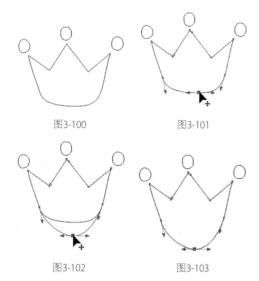

图3-100　　　　　　　图3-101

图3-102　　　　　　　图3-103

使用"形状"工具 选中并拖曳节点上的控制点，如图3-104所示。松开鼠标左键，图形调整的效果如图3-105所示。

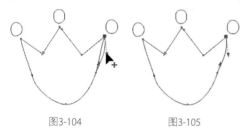

图3-104 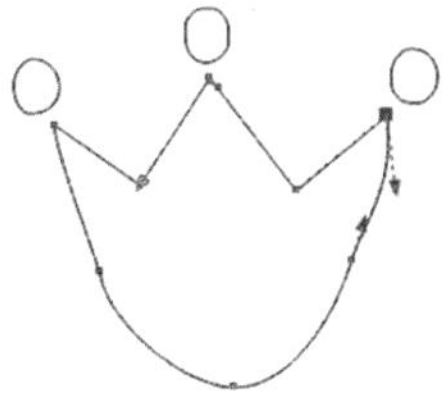　　　　　　　图3-105

使用"形状"工具 圈选图形上的部分节点，如图3-106所示。松开鼠标左键，图形被选中的部分节点如图3-107所示。拖曳任意一个被选中的节点，其他被选中的节点也会随之移动。

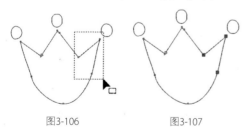

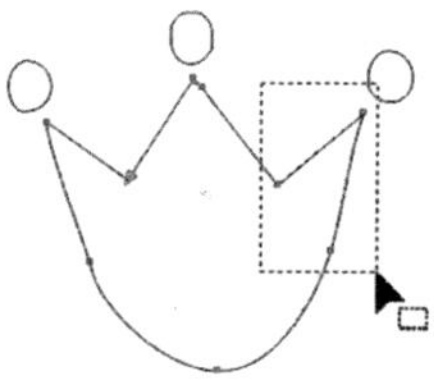

图3-106　　　　　　　图3-107

🔍 提示

　　因为在CorelDRAW X7中有3种节点类型，所以当移动不同类型节点上的控制点时，图形的形状也会有不同形式的变化。

2. 增加或删除节点

　　绘制一个图形，如图3-108所示。使用"形状"工具 选择需要增加和删除节点的曲线，在曲线上要增加节点的位置，如图3-109所示，双击鼠标左键可以在这个位置增加一个节点，效果如图3-110所示。

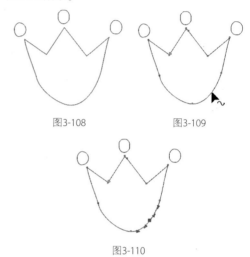

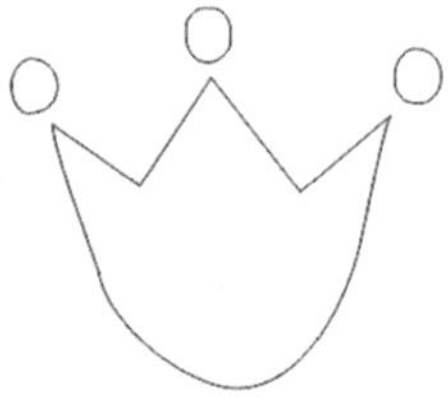

图3-108　　　　　　　图3-109

图3-110

　　单击属性栏中的"添加节点"按钮 ，也可以在曲线上增加节点。

　　将鼠标的光标放在要删除的节点上，如图3-111所示，双击鼠标左键可以删除这个节点，效果如图3-112所示。

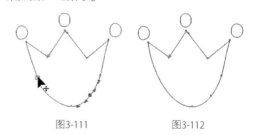

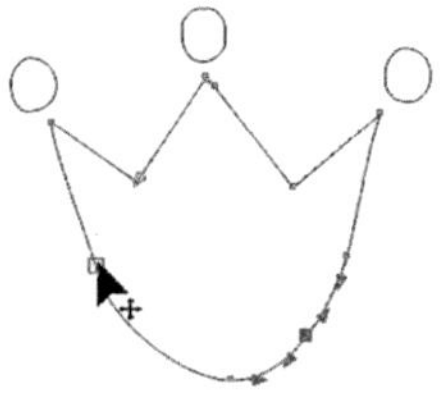

图3-111　　　　　　　图3-112

　　选中要删除的节点，单击属性栏中的"删除节点"按钮 ，也可以在曲线上删除选中的节点。

🔍 技巧

　　如果需要在曲线和图形中删除多个节点，可以先按住Shift键，再用鼠标选择要删除的多个节点，选择好后按Delete键即可。当然，也可以使用圈选的方法选择需要删除的多个节点，选择好后按Delete键。

3. 合并和连接节点

使用"形状"工具🔧圈选两个需要合并的节点，如图3-113所示。两个节点被选中，如图3-114所示，单击属性栏中的"连接两个节点"按钮🔘，将节点合并，使曲线成为闭合的曲线，如图3-115所示。

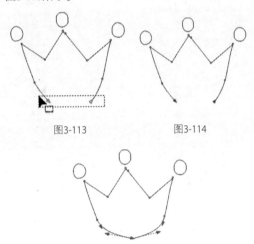

图3-113 　　　　　　图3-114

图3-115

使用"形状"工具🔧圈选两个需要连接的节点，单击属性栏中的"闭合曲线"按钮🔘，可以将两个节点以直线连接，使曲线成为闭合的曲线。

4. 断开节点

在曲线中要断开的节点上单击鼠标左键，选中该节点，如图3-116所示。单击属性栏中的"断开曲线"按钮🔘，断开节点，曲线效果如图3-117所示。再使用"形状"工具🔧选择并移动节点，曲线的节点被断开，效果如图3-118所示。

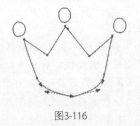

图3-116

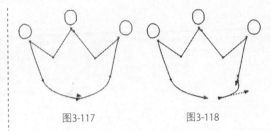

图3-117 　　　　　　图3-118

🔍**技巧**

在绘制图形的过程中，有时需要将开放的路径闭合。选择"排列 > 闭合路径"下的各个菜单命令，可以以直线或曲线方式闭合路径。

3.2.3 编辑曲线的轮廓和端点

通过属性栏可以设置一条曲线的端点和轮廓的样式，这项功能可以帮助用户制作出非常实用的效果。

绘制一条曲线，再用"选择"工具🔧选择这条曲线，如图3-119所示。这时的属性栏如图3-120所示。在属性栏中单击"轮廓宽度" 🔘 .2 mm 右侧的按钮▼，弹出轮廓宽度的下拉列表，如图3-121所示。在其中进行选择，将曲线变宽，效果如图3-122所示。也可以在"轮廓宽度"框中输入数值后，按Enter键设置曲线宽度。

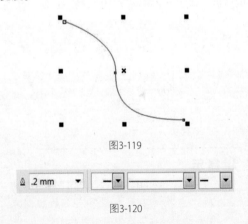

图3-119

图3-120

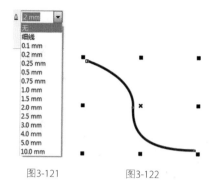

图3-121　　　　　图3-122

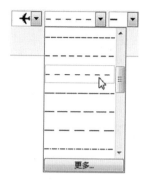

图3-125

图3-126

在属性栏中有3个可供选择的下拉列表按钮 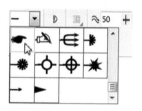，按从左到右的顺序分别是"起始箭头" ，、"轮廓样式" 和"终止箭头" 。单击"起始箭头" 上的黑色三角按钮，弹出"起始箭头"下拉列表框，如图3-123所示。单击需要的箭头样式，在曲线的起始点会出现选择的箭头，效果如图3-124所示。单击"轮廓样式" 上的黑色三角按钮，弹出"轮廓样式"下拉列表框，如图3-125所示。单击需要的轮廓样式，曲线的样式被改变，效果如图3-126所示。单击"终止箭头" 上的黑色三角按钮，弹出"终止箭头"下拉列表框，如图3-127所示。单击需要的箭头样式上，在曲线的终止点会出现选择的箭头，如图3-128所示。

图3-127

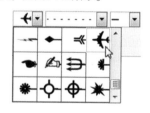

图3-123

图3-128

图3-124

3.2.4 编辑和修改几何图形

使用矩形、椭圆形和多边形工具绘制的图形都是简单的几何图形。这类图形有其特殊的属性，图形上的节点比较少，只能对其进行简单的编辑。如果想对其进行更复杂的编辑，就需要将简单的几何图形转换为曲线。

1. 使用"转换为曲线"按钮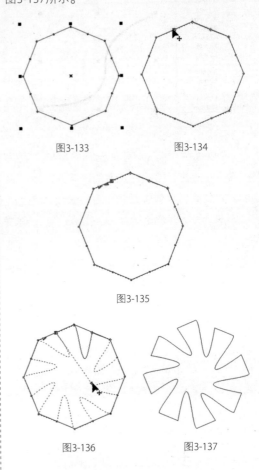

使用"椭圆形"工具 ○ 绘制一个椭圆形，效果如图3-129所示；在属性栏中单击"转换为曲线"按钮 ○，将椭圆图形转换为曲线图形，在曲线图形上增加了多个节点，如图3-130所示；使用"形状"工具 ↖ 拖曳椭圆形上的节点，如图3-131所示。松开鼠标左键，调整后的图形效果如图3-132所示。

形，如图3-136所示。松开鼠标左键，图形效果如图3-137所示。

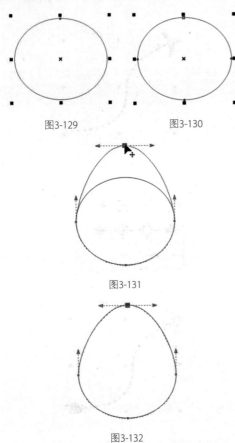

图3-129   图3-130

图3-131

图3-132

2. 使用"转换直线为曲线"按钮 ⌐

使用"多边形"工具 ○ 绘制一个多边形，如图3-133所示；选择"形状"工具 ↖，单击需要选中的节点，如图3-134所示；单击属性栏中的"转换直线为曲线"按钮 ⌐，将线段转换为曲线，在曲线上出现节点，图形的对称性被保持，如图3-135所示；使用"形状"工具 ↖ 拖曳节点调整图

图3-133   图3-134

图3-135

图3-136   图3-137

3. 裁切图形

使用"刻刀"工具可以对单一的图形对象进行裁切，使一个图形被裁切成两个部分。

选择"刻刀"工具 ✐，鼠标的光标变为刻刀形状。将光标放到图形上准备裁切的起点位置，光标变为竖直形状后单击鼠标左键，如图3-138所示；移动光标会出现一条裁切线，将鼠标的光标放在裁切的终点位置后单击鼠标左键，如图3-139所示；图形裁切完成的效果如图3-140所示；使用"选择"工具 ↖ 拖曳裁切后的图形，如图3-141所示。裁切的图形被分成两个部分。

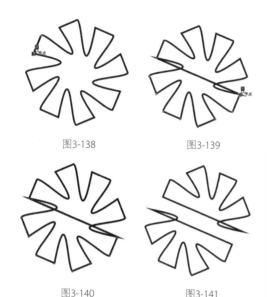

图3-138　　　　　　图3-139

图3-140　　　　　　图3-141

在裁切前单击"保留为一个对象"按钮，在图形被裁切后，裁切的两部分还属于一个图形对象。若不单击此按钮，裁切后可以得到两个相互独立的图形。按Ctrl+K组合键，可以拆分切割后的曲线。

单击"裁切时自动闭合"按钮，在图形被裁切后，裁切的两部分将自动生成闭合的曲线图形，并保留其填充的属性。若不单击此按钮，在图形被裁切后，裁切的两部分将不会自动闭合，同时图形会失去填充属性。

🔍 技巧

按住Shift键，使用"刻刀"工具将以贝塞尔曲线的方式裁切图形。已经经过渐变、群组及特殊效果处理的图形和位图都不能使用刻刀工具来裁切。

4. 擦除图形

"橡皮擦"工具可以擦除图形的部分或全部，并可以将擦除后图形的剩余部分自动闭合。"橡皮擦"工具只能对单一的图形对象进行擦除。

绘制一个图形，如图3-142所示。选择"橡皮擦"工具，鼠标的光标变为擦除工具图标，单击并按住鼠标左键，拖曳鼠标可以擦除图形，

如图3-143所示。松开鼠标左键，擦除后的图形效果如图3-144所示。

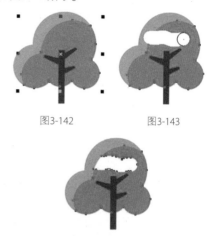

图3-142　　　　　　图3-143

图3-144

"橡皮擦"工具属性栏如图3-145所示。"橡皮擦厚度" 1.27 mm 可以设置擦除的宽度；单击"减少节点"按钮，可以在擦除时自动平滑边缘；单击"橡皮擦形状"按钮可以转换橡皮擦的形状为方形和圆形擦除图形。

图3-145

5. 修饰图形

使用"沾染"工具和"粗糙"工具，可以修饰已绘制的矢量图形。

绘制一个图形，如图3-146所示。选择"沾染"工具，其属性栏如图3-147所示。在图上拖曳，制作出需要的沾染效果，如图3-148所示。

图3-146

图3-147

图3-148

　　绘制一个图形，如图3-149所示。选择"粗糙"工具 ，其属性栏如图3-150所示。在图形边缘拖曳，制作出需要的粗糙效果，如图3-151所示。

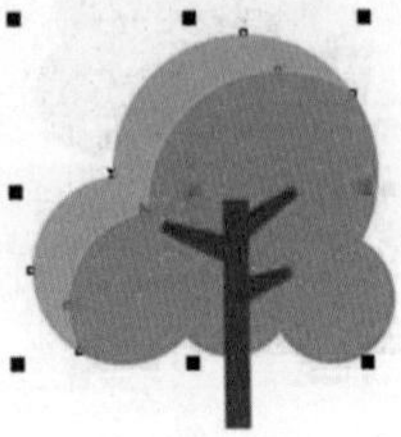

图3-150

图3-149

图3-151

┌─────────────────────────────┐
│ 🔍 提示

　　"沾染"工具和"粗糙"工具可以应用的矢量对象有开放/闭合的路径、纯色和交互式渐变填充、交互式透明和交互式阴影效果的对象。不可以应用的矢量对象有交互式调和、立体化的对象和位图。
└─────────────────────────────┘

3.3　修整图形

　　在CorelDRAW X7中，修整功能是编辑图形对象非常重要的手段。使用修整功能中的焊接、修剪、相交和简化等命令，可以创建出复杂的全新图形。

3.3.1　合并

　　合并会将几个图形结合成一个图形，新的图形轮廓由被合并的图形边界组成，被合并图形的交叉线都将消失。

　　绘制要合并的图形，效果如图3-152所示。使用"选择"工具 选中要合并的图形，如图3-153所示。

图3-152　　　　　图3-153

　　选择"窗口 > 泊坞窗 > 造型"命令，或选择"对象 > 造型 > 造型"命令，都可以弹出如图3-154所示的"造型"泊坞窗。在"造型"泊坞窗中选择"焊接"选项，再单击"焊接到"按钮，将鼠标的光标放到目标对象上并单击鼠标左键，如图3-155所示。焊接后的效果如图3-156所示，新生成的图形对象的边框和颜色填充与目标对象完全相同。

图3-154

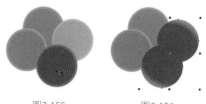

图3-155　　　　　　　图3-156

在进行焊接操作之前可以在"造型"泊坞窗中设置是否"保留原始源对象"和"保留原目标对象"。选择"保留原始源对象"和"保留原目标对象"选项，如图3-157所示。再焊接图形对象，来源对象和目标对象都被保留，如图3-158所示。保留来源对象和目标对象对"修剪"和"相交"功能也适用。

图3-157

图3-158

选择几个要焊接的图形后，选择"对象 > 造形 > 合并"都可以完成多个对象的合并。合并前圈选多个图形时，在最底层的图形就是"目标对象"。按住Shift键，选择多个图形时，最后选中的图形就是"目标对象"。

3.3.2　修剪

修剪会将目标对象与来源对象的相交部分裁掉，使目标对象的形状被更改。修剪后的目标对象保留其填充和轮廓属性。

绘制相交的图形，如图3-159所示。使用"选择"工具选择其中的来源对象，如图3-160所示。

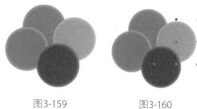

图3-159　　　　　　　图3-160

选择"窗口 > 泊坞窗 > 造型"命令，或选择"对象 > 造形 > 造型"命令，都可以弹出如图3-161所示的"造型"泊坞窗。在"造型"泊坞窗中选择"修剪"选项，再单击"修剪"按钮，将鼠标的光标放到目标对象上并单击鼠标左键，如图3-162所示。修剪后的效果如图3-163所示，新生成的图形对象的边框和颜色填充与目标对象完全相同。

图3-161

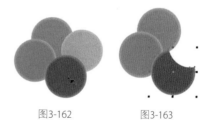

图3-162　　　　　　　图3-163

选择"对象 > 造形 > 修剪"命令，也可以完成修剪，来源对象和被修剪的目标对象会同时存在于绘图页面中。

> **提示**
>
> 圈选多个图形时，在最底层的图形对象就是目标对象。按住Shift键，选择多个图形时，最后选中的图形就是目标对象。

3.3.3　相交

相交会将两个或两个以上对象的相交部分

保留，使相交的部分成为一个新的图形对象。新创建图形对象的填充和轮廓属性将与目标对象相同。

绘制相交的图形，如图3-164所示。使用"选择"工具选择其中的来源对象，如图3-165所示。

图3-164　　　　　　图3-165

选择"窗口 > 泊坞窗 > 造型"命令，弹出如图3-166所示的"造型"泊坞窗。在"造型"泊坞窗中选择"相交"选项，单击"相交对象"按钮，将鼠标的光标放到目标对象上并单击鼠标左键，如图3-167所示，相交后的效果如图3-168所示，相交后图形对象将保留目标对象的填充和轮廓属性。

图3-166

图3-167　　　　　　图3-168

选择"对象 > 造形 > 相交"命令，也可以完成相交裁切。来源对象和目标对象以及相交后的新图形对象会同时存在于绘图页面中。

3.3.4　简化

简化会减去后面图形中和前面图形的重叠部分，并保留前面图形和后面图形的状态。

绘制相交的图形对象，如图3-169所示。使用"选择"工具选中两个相交的图形对象，如图3-170所示。

图3-169　　　　　　图3-170

选择"窗口 > 泊坞窗 > 造型"命令，弹出如图3-171所示的"造型"泊坞窗。在"造型"泊坞窗中选择"简化"选项，单击"应用"按钮，图形的简化效果如图3-172所示。

图3-171

图3-172

选择"对象 > 造形 > 简化"命令，也可以完成图形的简化。

3.3.5　移除后面对象

移除后面对象会减去后面图形，减去前后图形的重叠部分，并保留前面图形的剩余部分。

绘制相交的图形对象，如图3-173所示。使用"选择"工具选中两个相交的图形对象，如图3-174所示。

图3-173　　　　　　图3-174

选择"窗口 > 泊坞窗 > 造型"命令，弹出如图3-175所示的"造型"泊坞窗。在"造型"泊坞窗中选择"移除后面对象"选项，单击"应用"按钮，移除后面对象效果如图3-176所示。

图3-175

图3-176

选择"对象 > 造形 > 移除后面对象"命令，也可以完成图形的前减后。

3.3.6　移除前面对象

移除前面对象会减去前面图形，减去前后图形的重叠部分，并保留后面图形的剩余部分。

绘制两个相交的图形对象，如图3-177所示。使用"选择"工具选中两个相交的图形对象，如图3-178所示。

图3-177

图3-178

选择"窗口 > 泊坞窗 > 造型"命令，弹出如图3-179所示的"造型"泊坞窗。在"造型"泊坞窗中选择"移除前面对象"选项，单击"应用"按钮，移除前面对象效果如图3-180所示。

选择"对象 > 造形 > 移除前面对象"命令，也可以完成图形的后减前。

图3-179

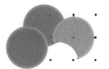
图3-180

3.3.7　边界

边界可以快速创建一个所选图形的共同边界。

绘制要创建边界的图形对象，使用"选择"工具选中图形对象，如图3-181所示。

图3-181

选择"窗口 > 泊坞窗 > 造型"命令，弹出如图3-182所示的"造型"泊坞窗。在"造型"泊坞窗中选择"边界"选项，单击"应用"按钮，边界效果如图3-183所示。

图3-182

图3-183

课堂练习——绘制夏日岛屿插画

【练习知识要点】使用椭圆形工具、B样条工具和创建边界命令绘制岛屿，使用贝塞尔工具和合并命令绘制树，使用椭圆形工具和移除前面对象命令绘制伞和救生圈，效果如图3-184所示。

【效果所在位置】Ch03/效果/绘制夏日岛屿插画.cdr。

图3-184

课后习题——绘制卡通绵羊插画

【习题知识要点】使用矩形工具和填充工具绘制背景效果，使用贝塞尔工具绘制羊和降落伞图形，使用直线工具绘制直线，使用文本工具添加文字，效果如图3-185所示。

【效果所在位置】Ch03/效果/绘制卡通绵羊插画.cdr。

图3-185

第 *4* 章

编辑轮廓线与填充颜色

本章介绍

　　在CorelDRAW X7中，绘制一个图形时需要先绘制出该图形的轮廓线，并按设计的需求对轮廓线进行编辑。编辑完成后，就可以使用色彩进行渲染。优秀的设计作品中，色彩的运用非常重要。通过学习本章的内容，读者可以制作出不同效果的图形轮廓线，了解并掌握各种颜色的填充方式和填充技巧。

学习目标

◆ 熟练掌握轮廓工具和均匀填充的使用。

◆ 掌握渐变填充和图样填充的操作。

◆ 了解其他填充的技巧。

技能目标

◆ 掌握"卡通图标"的绘制方法。

◆ 掌握"蔬菜插画"的绘制方法。

◆ 掌握"时尚人物"的绘制方法。

4.1 编辑轮廓线和均匀填充

CorelDRAW X7提供了丰富的轮廓线和填充设置，可以制作出精美的轮廓线和填充效果。下面具体介绍编辑轮廓线和均匀填充的方法和技巧。

命令介绍

轮廓线：指一个图形对象的边缘或路径。

均匀填充：在对话框中提供了3种设置颜色的方式，分别是模型、混合器和调色板。选择其中的任何一种方式都可以设置需要的颜色。

4.1.1 课堂案例——绘制卡通图标

【**案例学习目标**】学习使用几何形状工具和填充工具绘制卡通图标。

【**案例知识要点**】使用多边形工具、椭圆形工具和文字工具绘制图标背景，使用贝塞尔工具、椭圆形工具和填充工具绘制猫图形，效果如图4-1所示。

【**效果所在位置**】Ch04/效果/绘制卡通图标.cdr。

图4-1

（1）按Ctrl+N组合键，新建一个A4页面。选择"多边形"工具 ⊙ ，在属性栏的"点数或者边数" ○5 框中设置数值为20，按Enter键，在适当的位置绘制一个图形，如图4-2所示。

（2）选择"形状"工具 ，选取需要的节点，如图4-3所示，向内拖曳节点到适当的位置，效果如图4-4所示。设置图形颜色的CMYK值为68、0、22、0，填充图形，并去除图形的轮廓线，效果如图4-5所示。

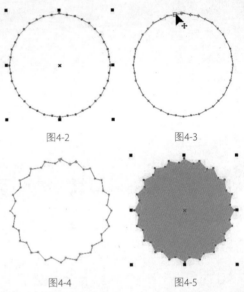

图4-2 图4-3

图4-4 图4-5

（3）选择"椭圆形"工具 ⊙ ，按住Ctrl键的同时，绘制一个圆形。设置图形颜色的CMYK值为0、20、100、0，填充图形，按F12键，弹出"轮廓笔"对话框，在"颜色"选项中设置轮廓线颜色为白色，其他选项的设置如图4-6所示，单击"确定"按钮，效果如图4-7所示。

（4）选择"选择"工具 ，按数字键盘上的+键，复制图形。按住Shift键的同时，拖曳图形右上方的控制手柄，将其等比例缩小，如图4-8所示。设置图形颜色为黑色，填充图形，并去除图形的轮廓线，效果如图4-9所示。

图4-6

图4-11

（6）选择"文本 > 使文本适合路径"命令，将文字拖曳至路径上，如图4-12所示，单击鼠标左键，文本绕路径排列，效果如图4-13所示。选择"选择"工具，选取圆形，在"CMYK调色板"中的"无填充"按钮上单击鼠标右键，去除图形的轮廓线，效果如图4-14所示。

图4-12

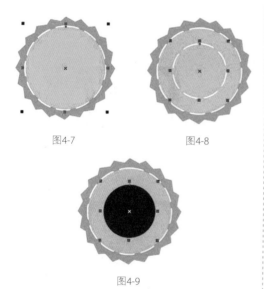

图4-7   图4-8

图4-13

图4-9

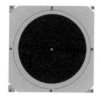

图4-14

（5）选择"椭圆形"工具，按住Ctrl键的同时，绘制一个圆形，如图4-10所示。选择"文本"工具，输入需要的文字。选择"选择"工具，在属性栏中选择合适的字体并设置文字大小，效果如图4-11所示。

（7）选择"贝塞尔"工具，在适当的位置绘制一个图形，如图4-15所示。设置图形颜色为白色，填充图形，并去除图形的轮廓线，按F12键，弹出"轮廓笔"对话框，在"颜色"选项中设置轮廓线颜色的CMYK值为95、86、75、64，其他选项的设置如图4-16所示。单击"确定"按

图4-10

钮，效果如图4-17所示。

图4-15

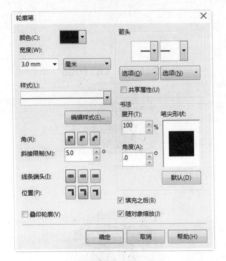

图4-16

图4-17

（8）选择"椭圆形"工具 ，按住Ctrl键的同时，绘制一个圆形。设置图形颜色的CMYK值为91、85、58、32，填充图形，按F12键，弹出"轮廓笔"对话框，在"颜色"选项中设置轮廓线颜色的CMYK值为98、89、80、73，其他选项的设置如图4-18所示，单击"确定"按钮，效果如图4-19所示。选择"选择"工具 ，按数字键盘上的+键，复制图形。按住Shift键的同时，水平

向右拖曳图形到适当的位置，效果如图4-20所示。

图4-18

图4-19

图4-20

（9）选择"贝塞尔"工具 ，在适当的位置绘制一个图形，设置图形颜色的CMYK值为95、86、75、64，填充图形，并去除图形的轮廓线，如图4-21所示。

（10）选择"2点线"工具 ，绘制一条直线，按F12键，弹出"轮廓笔"对话框，在"颜色"选项中设置轮廓线颜色为黑色，其他选项的设置如图4-22所示，单击"确定"按钮，效果如

图4-23所示。

图4-21

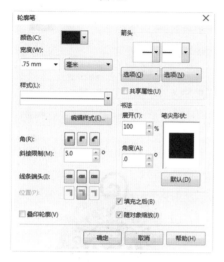

图4-22

图4-23

（11）选择"贝塞尔"工具，在适当的位置绘制一条线，按F12键，弹出"轮廓笔"对话框，在"颜色"选项中设置轮廓线颜色的CMYK值为95、86、75、64，其他选项的设置如图4-24所示，单击"确定"按钮，效果如图4-25所示。

（12）选择"2点线"工具，绘制一条直线，按F12键，弹出"轮廓笔"对话框，在"颜色"选项中设置轮廓线颜色为黑色，其他选项的设置如图4-26所示，单击"确定"按钮，效果如

图4-27所示。

图4-24

图4-25

图4-26

图4-27

（13）选择"选择"工具，再次单击图

形，使其处于旋转状态，按数字键盘上的+键，复制一个图形。将旋转中心拖曳到适当的位置，拖曳右下角的控制手柄，将图形旋转到需要的角度，如图4-28所示。用相同的方法绘制其他图形，并分别填充适当的颜色，效果如图4-29所示。

图4-28

图4-29

（14）选择"贝塞尔"工具，在适当的位置绘制一个图形，设置图形颜色的CMYK值为95、86、75、64，填充图形，并设置图形的轮廓线为黑色，效果如图4-30所示。按数字键盘上的+键，复制图形。单击属性栏中的"水平镜像"按钮，水平翻转复制的图形，将其拖曳到适当的位置，效果如图4-31所示。

图4-30

图4-31

（15）选择"贝塞尔"工具，在适当的位置绘制一条曲线，按F12键，弹出"轮廓笔"对话框，在"颜色"选项中设置轮廓线颜色的CMYK值为95、86、75、64，其他选项的设置如图4-32所示，单击"确定"按钮，效果如图4-33所示。

卡通图标绘制完成。

图4-32

图4-33

4.1.2 使用轮廓工具

单击"轮廓笔"工具，弹出"轮廓"工具的展开工具栏，如图4-34所示。

展开工具栏中的"轮廓笔"工具，可以编辑图形对象的轮廓线；"轮廓色"工具可以编辑图形对象的轮廓线颜色；11个按钮都是设置图形对象的轮廓宽度的，分别是无轮廓、细线轮廓、0.1mm、0.2mm、0.25mm、0.5mm、0.75mm、1mm、1.5mm、2mm和2.5mm；"彩色"工具可以弹出"颜色泊坞窗"，对图形的轮廓线颜色进行编辑。

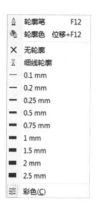

图4-34

4.1.3 设置轮廓线的颜色

绘制一个图形对象，并使图形对象处于选取状态，单击"轮廓笔"工具，弹出"轮廓笔"对话框，如图4-35所示。

在"轮廓笔"对话框中，"颜色"选项可以设置轮廓线的颜色，在CorelDRAW X7的默认状态下，轮廓线被设置为黑色。在颜色列表框■■右侧的按钮上单击鼠标左键，打开颜色下拉列表，如图4-36所示。

在颜色下拉列表中可以选择需要的颜色，也可以单击"更多"按钮，打开"选择颜色"对话框，如图4-37所示。在对话框中可以调配自己需要的颜色。

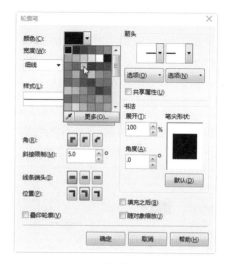

图4-36

图4-37

设置好需要的颜色后，单击"确定"按钮，可以改变轮廓线的颜色。

> 🔍 **提示**
> 在选取图形对象的状态下，直接在调色板中需要的颜色上单击鼠标右键，可以快速填充轮廓线颜色。

4.1.4 设置轮廓线的粗细及样式

在"轮廓笔"对话框中，"宽度"选项可以设置轮廓线的宽度值和宽度的度量单位。在左侧

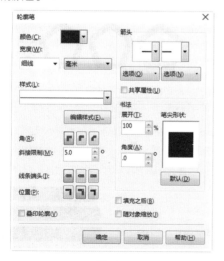

图4-35

的三角按钮上单击鼠标左键，弹出下拉列表，可以选择宽度数值，如图4-38所示，也可以在数值框中直接输入宽度数值。在右侧的三角按钮上单击鼠标左键，弹出下拉列表，可以选择宽度的度量单位，如图4-39所示。在"样式"选项右侧的三角按钮上单击鼠标左键，弹出下拉列表，可以选择轮廓线的样式，如图4-40所示。

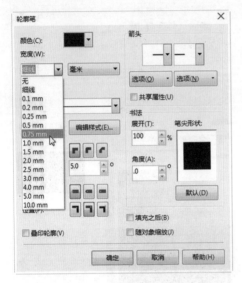

图4-38

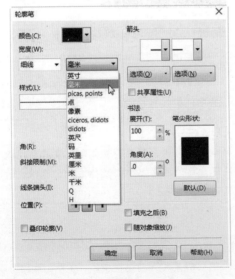

图4-39

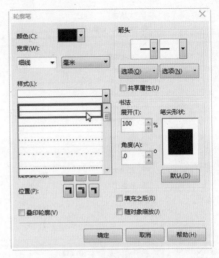

图4-40

4.1.5　设置轮廓线角的样式及端头样式

在"轮廓笔"对话框中，"角"设置区可以设置轮廓线角的样式，如图4-41所示。"角"设置区提供了3种拐角的方式，它们分别是斜接角、圆角和平角。

图4-41

增加轮廓线的宽度，因为较细的轮廓线在设置拐角后效果不明显。3种拐角的效果如图4-42所示。

图4-42

在"轮廓笔"对话框中，"线条端头"设置区可以设置线条端头的样式，如图4-43所示。3种样式分别是方形端头、圆形端头、延伸方形端头。分别选择3种端头样式，效果如图4-44所示。

图4-43　　　　　　　　　图4-44

在"轮廓笔"对话框中，"箭头"设置区可以设置线条两端的箭头样式，如图4-45所示。"箭头"设置区中提供了两个样式框，左侧的样式框 ─┤用来设置箭头样式，单击样式框上的三角按钮，弹出"箭头样式"列表，如图4-46所示。右侧的样式框─┤用来设置箭尾样式，单击样式框上的三角按钮，弹出"箭尾样式"列表，如图4-47所示。

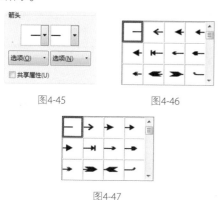

图4-45　　　　　　　图4-46

图4-47

使用"填充之后"选项会将图形对象的轮廓置于图形对象的填充之后。图形对象的填充会遮挡图形对象的轮廓颜色，只能观察到轮廓的一段宽度的颜色。

使用"随对象缩放"选项缩放图形对象时，图形对象的轮廓线会根据图形对象的大小而改变，使图形对象的整体效果保持不变。如果不选择此选项，在缩放图形对象时，图形对象的轮廓线不会根据图形对象的大小而改变，轮廓线和填充不能保持原图形对象的效果，图形对象的整体效果就会被破坏。

4.1.6　使用调色板填充颜色

调色板是给图形对象填充颜色的最快途径。通过选取调色板中的颜色，可以把一种新颜色快速填充给图形对象。CorelDRAW X7提供了多种调色板，选择"窗口 > 调色板"命令，将弹出可供选择的多种颜色调色板。CorelDRAW X7在默认状态下使用的是CMYK调色板。

调色板一般在屏幕的右侧，使用"选择"工具选中屏幕右侧的条形色板，如图4-48所示，用鼠标左键拖曳条形色板到屏幕的中间，调色板变为如图4-49所示。

使用"选择"工具选中要填充的图形对象，如图4-50所示。在调色板中选中的颜色上单击鼠标左键，如图4-51所示，图形对象的内部即被选中的颜色填充，如图4-52所示。单击调色板中的"无填充"按钮☒，可取消对图形对象内部的颜色填充。

图4-48

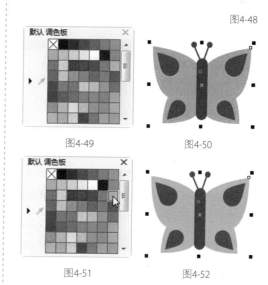

图4-49　　　　　　　图4-50

图4-51　　　　　　　图4-52

选取需要的图形，如图4-53所示，在调色板中选中的颜色上单击鼠标右键，如图4-54所示，图形对象的轮廓线即被选中的颜色填充，设置适当的轮廓宽度，如图4-55所示。

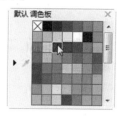

图4-53　　　　　　　图4-54

图4-55

> **技巧**
>
> 选中调色板中的色块，按住鼠标左键不放拖曳色块到图形对象上，松开鼠标左键，也可填充对象。

4.1.7 均匀填充对话框

选择"编辑填充"工具，弹出"编辑填充"对话框，单击"均匀填充"按钮，或按F11键，弹出"编辑填充"对话框，可以在对话框中设置需要的颜色。

对话框中的3种设置颜色的方式分别为模型、混合器和调色板。具体设置如下。

1. 模型

模型设置框如图4-56所示，在设置框中提供了完整的色谱。通过操作颜色关联控件可更改颜色，也可以通过在颜色模式的各参数值框中设置数值来设定需要的颜色。在设置框中还可以选择不同的颜色模式，模型设置框默认的是CMYK模式，如图4-57所示。

图4-56

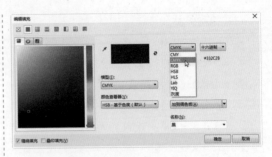

图4-57

调配好需要的颜色后，单击"确定"按钮，可以将需要的颜色填充到图形对象中。

> **技巧**
>
> 如果有经常需要使用的颜色，调配好需要的颜色后，单击对话框中的"加到调色板"按钮，可以将颜色添加到调色板中。在下一次使用时就不需要再次调配了，直接在调色板中调用即可。

2. 混合器

混合器设置框如图4-58所示，混合器设置框是通过组合其他颜色的方式来生成新颜色，通过转动色环或从"色度"选项的下拉列表中选择各种形状，可以设置需要的颜色。从"变化"选项的下拉列表中选择各种选项，可以调整颜色的明度。调整"大小"选项下的滑动块可以使选择的颜色更丰富。

图4-58

可以通过在颜色模式的各参数值框中设置数值来设定需要的颜色。在设置框中还可以选择不同的颜色模式，混合器设置框默认的是CMYK模式，如图4-59所示。

图4-59

3. 调色板

调色板设置框如图4-60所示，调色板设置框是通过CorelDRAW X7中已有颜色库中的颜色来填充图形对象，在"调色板"选项的下拉列表中可以选择需要的颜色库，如图4-61所示。

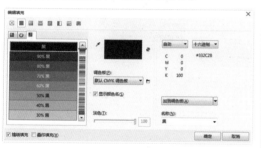

图4-60

图4-61

在色板中的颜色上单击鼠标左键就可以选中需要的颜色，调整"淡色"选项下的滑动块可以使选择的颜色变淡。调配好需要的颜色后，单击"确定"按钮，可以将需要的颜色填充到图形对象中。

4.1.8 使用"颜色泊坞窗"填充

"颜色泊坞窗"是为图形对象填充颜色的辅助工具，特别适合在实际工作中应用。

单击工具箱下方的"快速自定"按钮⊕，添加"彩色"工具，弹出"颜色泊坞窗"，如图4-62所示。绘制一个衣服，如图4-63所示。在"颜色泊坞窗"中调配颜色，如图4-64所示。

图4-62　　　　　　　　图4-63

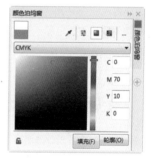

图4-64

调配好颜色后，单击"填充"按钮，如图4-65所示，颜色填充到衣服的内部，效果如图4-66所示。也可在调配好颜色后，单击"轮廓"按钮，如图4-67所示，填充颜色到衣服的轮廓线，效果如图4-68所示。

图4-65

图4-66

调色板"。分别单击这3个按钮可以选择不同的调配颜色的方式,如图4-69所示。

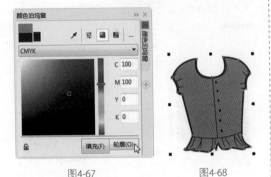

图4-67　　　　图4-68

"颜色泊坞窗"的右上角的3个按钮 ⚏ ▣ ▤ 分别是"显示颜色滑块""显示颜色查看器""显示

图4-69

4.2 渐变填充和图样填充

渐变填充和图样填充都是非常实用的功能,在设计制作中经常用到。在CorelDRAW X7中,渐变填充提供了线性、椭圆形、圆锥形和矩形4种渐变色彩的形式,可以绘制出多种渐变颜色效果。图样填充将预设图案以平铺的方法填充到图形中。下面将介绍使用渐变填充和图样填充的方法和技巧。

命令介绍

渐变填充:提供了线性、椭圆形、圆锥形和矩形4种渐变色彩的形式,可以绘制出多种渐变颜色效果。

图样填充:将预设图案以平铺的方式填充到图形中。

4.2.1 课堂案例——绘制蔬菜插画

【案例学习目标】学习使用几何图形工具、

绘图工具和填充工具绘制蔬菜插画。

【案例知识要点】使用矩形工具和图样填充工具绘制背景效果,使用贝塞尔工具、椭圆形工具、矩形工具、渐变填充工具和图样填充工具绘制蔬菜,使用文本工具添加文字,效果如图4-70所示。

【效果所在位置】Ch04/效果/绘制蔬菜插画.cdr。

图4-70

1. 绘制背景

（1）按Ctrl+N组合键，新建一个A4页面。选择"矩形"工具 ，绘制一个矩形，如图4-71所示。选择"编辑填充"工具 ，弹出"编辑填充"对话框，单击"双色图样填充"按钮 ，单击图样图案右侧的按钮 ，在弹出的面板中选择需要的图样，如图4-72所示。将背景颜色的CMYK值设为40、0、100、0，其他选项的设置如图4-73所示，单击"确定"按钮。填充图形，并去除图形的轮廓线，效果如图4-74所示。

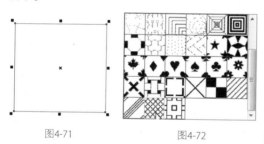

图4-71　　　　　　图4-72

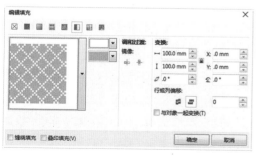

图4-73

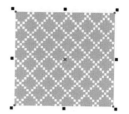

图4-74

（2）选择"椭圆形"工具 ，按住Ctrl键的同时，绘制圆形，如图4-75所示。按F11键，弹出"编辑填充"对话框，选择"渐变填充"按钮 ，将"起点"颜色的CMYK值设置为100、0、100、45，"终点"颜色的CMYK值设置为55、0、100、0，将下方三角图标的"节点位置"选项设为62%，其他选项的设置如图4-76所示。单击"确定"按钮，填充图形，并去除图形的轮廓线，效果如图4-77所示。选择"矩形"工具 ，绘制一个矩形，如图4-78所示。

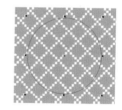

图4-75

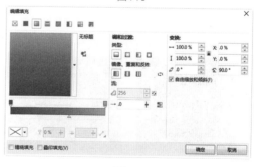

图4-76

图4-77　　　　　　图4-78

（3）按F11键，弹出"编辑填充"对话框，选择"渐变填充"按钮▣，将"起点"颜色的CMYK值设置为22、9、86、0，"终点"颜色的CMYK值设置为42、21、93、0，其他选项的设置如图4-79所示。单击"确定"按钮，填充图形，并去除图形的轮廓线，效果如图4-80所示。

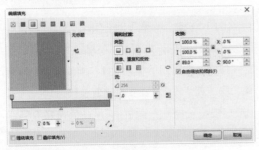

图4-79

图4-80

（4）选择"选择"工具▣，将渐变图形拖曳到适当的位置，如图4-81所示。再次将其拖曳到适当的位置并单击鼠标右键，复制图形，效果如图4-82所示。用相同的方法复制其他图形，效果如图4-83所示。

图4-81

图4-82

图4-83

（5）选择"选择"工具▣，用圈选的方法将需要的图形同时选取，如图4-84所示。在属性栏中的"旋转角度"框中设置数值为27°，按Enter键，效果如图4-85所示。

图4-84　　　　　　　　图4-85

（6）选择"贝塞尔"工具▣，在适当的位置绘制一个图形，如图4-86所示。选择"椭圆形"工具▣，按住Ctrl键的同时，在适当的位置绘制圆形，如图4-87所示。

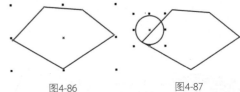

图4-86　　　　　　　　图4-87

（7）用相同的方法再次绘制圆形，如图4-88所示。选择"选择"工具▣，用圈选的方法将需要的图形同时选取，单击属性栏中的"合并"按钮▣，合并图形，效果如图4-89所示。

图4-88　　　　　　　　图4-89

（8）按F11键，弹出"编辑填充"对话框，选择"渐变填充"按钮▣，将"起点"颜色的CMYK值设置为36、0、100、0，"终点"颜色的CMYK值设置为70、0、100、0，其他选项的设置如图4-90所示。单击"确定"按钮，填充图形，并去除图形的轮廓线，效果如图4-91所示。

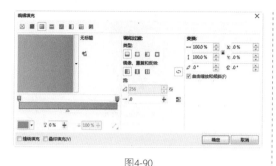

图4-90

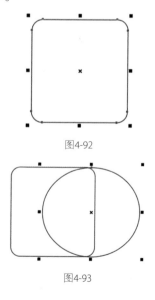

图4-91

（9）选择"矩形"工具 ，在适当的位置绘制矩形，在属性栏的"圆角半径" 框中设置数值为1.5mm，按Enter键，效果如图4-92所示。选择"椭圆形"工具 ，在适当的位置绘制椭圆形，如图4-93所示。选择"选择"工具 ，用圈选的方法将需要的图形同时选取，单击属性栏中的"相交"按钮 ，修整图形，效果如图4-94所示。

图4-92

图4-93

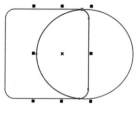

图4-94

（10）选择"选择"工具 ，按住Shift键的同时，选取需要的图形，如图4-95所示。按Delete键，删除图形，效果如图4-96所示。

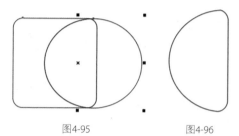

图4-95　　　　　　　　图4-96

（11）选择"选择"工具 ，选取图形。按F11键，弹出"编辑填充"对话框，选择"渐变填充"按钮 ，将"起点"颜色的CMYK值设置为22、9、86、0，"终点"颜色的CMYK值设置为0、7、38、0，其他选项的设置如图4-97所示。单击"确定"按钮，填充图形，并去除图形的轮廓线，效果如图4-98所示。

图4-97

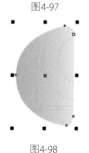

图4-98

2. 绘制蔬菜

（1）选择"椭圆形"工具⊙，按住Ctrl键的同时，在适当的位置绘制圆形，如图4-99所示。选择"选择"工具▶，按数字键盘上的+键，复制图形。按住Shift键的同时，向内拖曳控制手柄，等比例缩小图形，效果如图4-100所示。用圈选的方法将两个圆形同时选取，单击属性栏中的"移除前面对象"按钮⊡，修剪图形，效果如图4-101所示。

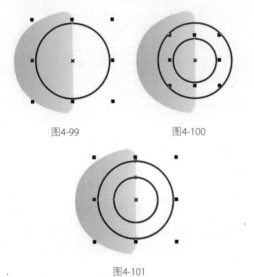

图4-99　　　　　　图4-100

图4-101

（2）选择"矩形"工具▢，在适当的位置绘制矩形，如图4-102所示。选择"选择"工具▶，按住Shift键的同时，选取修剪图形和矩形，单击属性栏中的"移除前面对象"按钮⊡，修剪图形，效果如图4-103所示。设置图形颜色的CMYK值为40、0、100、0，填充图形，并去除图形的轮廓线，效果如图4-104所示。

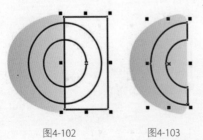

图4-102　　　　　　图4-103

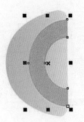

图4-104

（3）选择"3点椭圆形"工具⊙，在适当的位置绘制椭圆形，填充为黑色，并去除图形的轮廓线，效果如图4-105所示。用相同的方法绘制其他椭圆形，并填充相同的颜色，效果如图4-106所示。选择"椭圆形"工具⊙，按住Ctrl键的同时，在适当的位置绘制圆形，如图4-107所示。

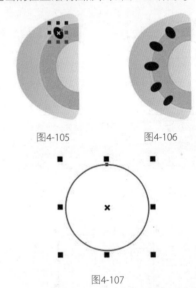

图4-105　　　　　　图4-106

图4-107

（4）按F11键，弹出"编辑填充"对话框，选择"渐变填充"按钮▣，将"起点"颜色的CMYK值设置为0、50、100、0，"终点"颜色的CMYK值设置为0、10、100、0，其他选项的设置如图4-108所示。单击"确定"按钮，填充图形，并去除图形的轮廓线，效果如图4-109所示。

（5）选择"椭圆形"工具⊙，按住Ctrl键的同时，在适当的位置绘制圆形，填充为白色，并去除图形的轮廓线，效果如图4-110所示。选择"选择"工具▶，用圈选的方法将图形同时选取，按Ctrl+G组合键，群组图形。

图4-108

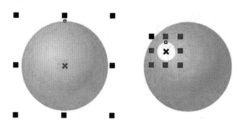

图4-109 　　　　　　图4-110

（6）选择"选择"工具 ，将需要的图形拖曳到适当的位置，如图4-111所示。按两次数字键盘上的+键，复制两个图形，分别将其拖曳到适当的位置，效果如图4-112所示。选取需要的图形，在属性栏中的"旋转角度" 框中设置为330°，按Enter键，效果如图4-113所示。

图4-111 　　　　　　图4-112

图4-113

（7）选择"选择"工具 ，将需要的图形拖曳到适当的位置，复制并调整其位置和角度，效果如图4-114所示。分别选取图形，按Ctrl+PageDown组合键，调整图形的前后顺序，效果如图4-115所示。

图4-114 　　　　　　图4-115

（8）选择"选择"工具 ，将需要的图形拖曳到适当的位置，复制并调整其位置，效果如图4-116所示。分别选取图形，按Ctrl+PageDown组合键，调整图形的前后顺序，效果如图4-117所示。用相同的方法调整其他图形的前后顺序，效果如图4-118所示。

图4-116 　　　　　　图4-117

图4-118

（9）选择"椭圆形"工具 ，按住Ctrl键的同时，在适当的位置绘制圆形，如图4-119所示。选择"矩形"工具 ，在适当的位置绘制矩形，如图4-120所示。按住Shift键的同时，将需要的图形同时选取，单击属性栏中的"移除前面对象"按钮 ，修剪图形，效果如图4-121所示。

图4-119

图4-120

图4-121

（10）按F11键，弹出"编辑填充"对话框，选择"渐变填充"按钮▣，将"起点"颜色的CMYK值设置为0、0、0、20，"终点"颜色的CMYK值设置为0、0、0、60，其他选项的设置如图4-122所示。单击"确定"按钮，填充图形，并去除图形的轮廓线，效果如图4-123所示。

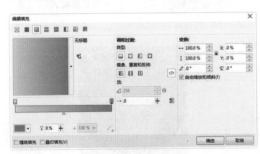

图4-122

图4-123

3．绘制菜篮

（1）选择"贝塞尔"工具，在适当的位置绘制一个曲线。在属性栏的"轮廓宽度"框中设置数值为1mm，按Enter键。填充轮廓线颜色为白色，效果如图4-124所示。用相同的方法绘制另一条曲线，并填充相同的颜色，效果如图4-125所示。

图4-124

图4-125

（2）选择"矩形"工具▢，在适当的位置绘制矩形，在属性栏的"圆角半径"框中进行设置，如图4-126所示，按Enter键，效果如图4-127所示。

图4-126

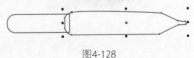

图4-127

（3）选择"贝塞尔"工具，在适当的位置绘制一个图形，如图4-128所示。选择"选择"工具，选取需要的图形，单击属性栏中的"转换为曲线"按钮，将其转换为曲线图形。选择"形状"工具，分别拖曳节点到适当的位置，效果如图4-129所示。

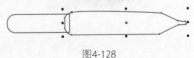

图4-128

图4-129

（4）按F11键，弹出"编辑填充"对话框，选择"渐变填充"按钮■，在"位置"选项中分别添加并输入0、22、39、59、78、100几个位置点，分别设置几个位置点颜色的CMYK值为0（63、10、90、0）、22（80、22、90、0）、39（63、10、90、0）、59（43、10、87、0）、78（63、10、90、0）、100（43、10、87、0），其他选项的设置如图4-130所示，单击"确定"按钮。填充图形，并去除图形的轮廓线，效果如图4-131所示。

图4-130

图4-131

（5）选择"选择"工具 ，选取图形。按F11键，弹出"编辑填充"对话框，选择"渐变填充"按钮■，将"起点"颜色的CMYK值设置为15、88、88、0，"终点"颜色的CMYK值设置为0、67、100、0，其他选项的设置如图4-132所示。单击"确定"按钮，填充图形，并去除图形的轮廓线，效果如图4-133所示。

图4-132

图4-133

（6）选择"矩形"工具 ，在适当的位置绘制矩形，设置填充颜色的CMYK值为0、60、80、0，填充图形，并去除图形的轮廓线，效果如图4-134所示。用相同的方法绘制图形，并填充相同的颜色，效果如图4-135所示。

图4-134

图4-135

（7）选择"选择"工具 ，用圈选的方法将图形同时选取，按Ctrl+G组合键群组图形，如图4-136所示。将其拖曳到适当的位置，效果如图4-137所示。

图4-136

图4-137

（8）选择"椭圆形"工具 ，绘制一个椭圆形，如图4-138所示。单击属性栏中的"转换为曲线"按钮 ，将其转换为曲线图形，如图4-139所示。选择"形状"工具 ，分别在适当的位置双击鼠标添加节点，如图4-140所示。

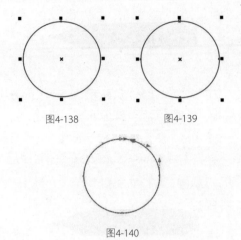

图4-138　　　　图4-139

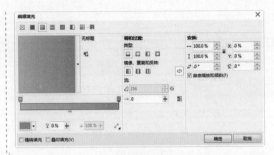

图4-144

图4-140

（9）选择"形状"工具▷，将需要的节点拖曳到适当的位置，并分别调整需要的控制点，效果如图4-141所示。选择"矩形"工具▢，在适当的位置绘制矩形，如图4-142所示。按住Shift键的同时，选取需要的图形，单击属性栏中的"移除前面对象"按钮◻，修剪图形，效果如图4-143所示。

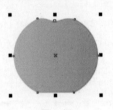

图4-145

（11）选择"贝塞尔"工具▷，在适当的位置绘制一个图形，如图4-146所示。按F11键，弹出"编辑填充"对话框，选择"渐变填充"按钮▤，将"起点"颜色的CMYK值设置为50、60、90、10，"终点"颜色的CMYK值设置为60、70、85、40，其他选项的设置如图4-147所示。单击"确定"按钮，填充图形，并去除图形的轮廓线，效果如图4-148所示。

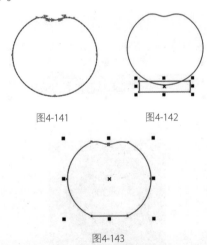

图4-141　　　　图4-142

图4-143

（10）保持图形的选取状态。按F11键，弹出"编辑填充"对话框，选择"渐变填充"按钮▤，将"起点"颜色的CMYK值设置为36、0、100、0，"终点"颜色的CMYK值设置为70、0、100、0，其他选项的设置如图4-144所示。单击"确定"按钮，填充图形，并去除图形的轮廓线，效果如图4-145所示。

图4-146

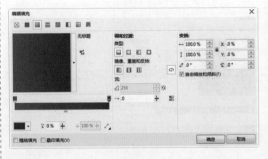

图4-147

图4-148

（12）保持图形的选取状态，按Ctrl+PageDown 组合键，后移图形，效果如图4-149所示。选择"椭圆形"工具，按住Ctrl键的同时，在适当的位置绘制两个圆形，填充为白色，并去除图形的轮廓线，效果如图4-150所示。

图4-149 　　　　　　图4-150

（13）选择"选择"工具，用圈选的方法将图形同时选取，按Ctrl+G组合键群组图形，并将其拖曳到适当的位置，效果如图4-151所示。选择"选择"工具，用圈选的方法将图形同时选取，按Ctrl+G组合键群组图形，如图4-152所示。单击属性栏中的"取消组合所有对象"按钮，取消所有群组对象，如图4-153所示。保持图形的选取状态。

图4-151 　　　　　　图4-152

图4-153

（14）单击属性栏中的"合并"按钮，合并图形，效果如图4-154所示。设置填充颜色的CMYK值为100、0、100、50，填充图形，并去除图形的轮廓线，效果如图4-155所示。连续按Ctrl+PageDown组合键，后移图形，效果如图4-156所示。

图4-154 　　　　　　图4-155

图4-156

（15）选择"椭圆形"工具，按住Ctrl键的同时，在适当的位置绘制圆形，如图4-157所示。选择"矩形"工具，在适当的位置绘制矩形，如图4-158所示。按住Shift键的同时，将需要的图形同时选取，单击属性栏中的"移除前面对象"按钮，修剪图形，效果如图4-159所示。保持图形的选取状态。

图4-157 　　　　　　图4-158

图4-159

（16）设置填充颜色的CMYK值为65、80、100、54，填充图形，并去除图形的轮廓线，效果如图4-160所示。选择"文本"工具 📝，在图形上输入需要的文字，选择"选择"工具 ，在属性栏中选取适当的字体并设置文字大小，填充文字为白色，效果如图4-161所示。蔬菜插画绘制完成，效果如图4-162所示。

图4-160

图4-161

图4-162

4.2.2 使用属性栏进行填充

绘制一个图形，效果如图4-163所示。选择"交互式填充"工具 ，在属性栏中单击"渐变填充"按钮 ，属性栏如图4-164所示，效果如图4-165所示。

图4-163

图4-164

图4-165

单击属性栏中的其他选项按钮 ，可以选择渐变的类型，椭圆形、圆锥形和矩形的效果如图4-166所示。

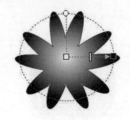

"椭圆形渐变填充"

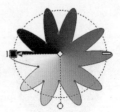

"圆锥形渐变填充"

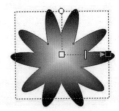

"矩形渐变填充"

图4-166

属性栏中的"节点颜色" 用于指定选择渐变节点的颜色，"节点透明度" 0% 文本框用于设置指定选定渐变节点的透明度，"加速" .0 文本框用于设置渐变从一个颜色到另外一个颜色的速度。

4.2.3 使用工具进行填充

绘制一个图形，如图4-167所示。选择"交互式填充"工具 ，在起点颜色的位置单击并按住鼠标左键拖曳光标到适当的位置，松开鼠标左键，图形被填充了预设的颜色，效果如图4-168所示。在拖曳的过程中，可以控制渐变的角度、渐变的边缘宽度等渐变属性。

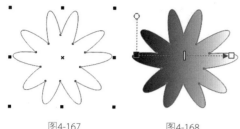

图4-167　　　　　　图4-168

拖曳起点颜色和终点颜色可以改变渐变的角度和边缘宽度。拖曳中间点可以调整渐变颜色的分布。拖曳渐变虚线，可以控制颜色渐变与图形之间的相对位置。拖曳渐变上方的圆圈图标可以调整渐变倾斜角度。

4.2.4　使用"渐变填充"对话框填充

选择"编辑填充"工具，在弹出的"编辑填充"对话框中单击"渐变填充"按钮。在对话框中的"镜像、重复和反转"设置区中可选择渐变填充的3种类型："默认渐变填充""重复和镜像渐变填充""重复渐变填充"。

1. 默认渐变填充

"默认渐变填充"按钮的对话框如图4-169所示。

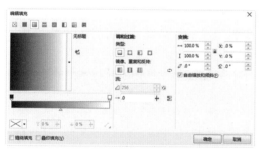

图4-169

在对话框中设置好渐变颜色后，单击"确定"按钮，完成图形的渐变填充。

在"预览色带"上的起点和终点颜色之间双击鼠标左键，将在预览色带上产生一个倒三角形色标，也就是新增了一个渐变颜色标记，如图4-170所示。"节点位置" 30% 选项中显示的

百分数就是当前新增渐变颜色标记的位置。单击"节点颜色"选项右侧的按钮，在弹出其下拉选项中设置需要的渐变颜色，"预览"色带上新增渐变颜色标记上的颜色将改变为需要的新颜色。"节点颜色"选项中显示的颜色就是当前新增渐变颜色标记的颜色。

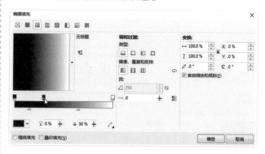

图4-170

2. 重复和镜像渐变填充

单击选择"重复和镜像"按钮，如图4-171所示。再单击调色板中的颜色，可改变自定义渐变填充终点的颜色。

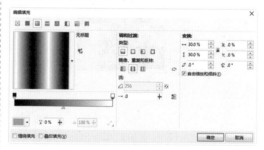

图4-171

3. 重复渐变填充

单击选择"重复"选项，如图4-172所示。

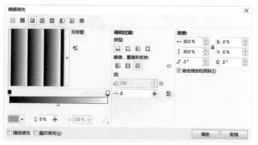

图4-172

4.2.5　渐变填充的样式

　　绘制一个图形，效果如图4-173所示。在"渐变填充"对话框中的"填充挑选器"选项包含了CorelDRAW X7预设的一些渐变效果，如图4-174所示。

图4-173

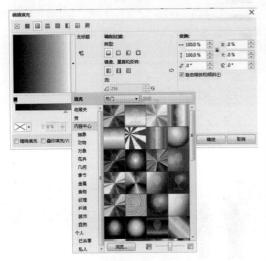

图4-174

　　选择好一个预设的渐变效果，单击"确定"按钮，可以完成渐变填充。使用预设的渐变效果填充的各种渐变效果如图4-175所示。

图4-175

4.2.6　图样填充

　　向量图样填充由矢量和线描式图像来生成。选择"编辑填充"工具，在弹出的"编辑填充"对话框中单击"向量图样填充"按钮，如图4-176所示。

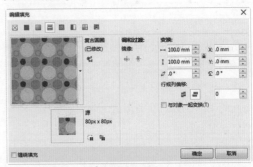

图4-176

　　位图图样填充是使用位图图片进行填充。选择"编辑填充"工具，在弹出的"编辑填充"对话框中单击"位图图样填充"按钮，如图4-177所示。

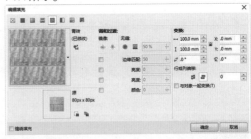

图4-177

　　双色图样填充是用两种颜色构成的图案来填充，也就是通过设置前景色和背景色的颜色来填充。选择"编辑填充"工具，在弹出的"编辑填充"对话框中单击"双色图样填充"按钮，如图4-178所示。

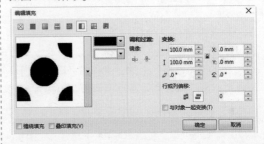

图4-178

4.3 其他填充

除均匀填充、渐变填充和图样填充外，常用的填充还包括底纹填充、网状填充等，这些填充可以使图形更加自然、多变。下面具体介绍这些填充方法和技巧。

命令介绍

PostScript填充：是利用PostScript语言设计出来的一种特殊的图案填充。

网状填充：可以制作出变化丰富的网状填充效果，还可以将每个网点填充上不同的颜色并定义颜色填充的扭曲方向。

4.3.1 课堂案例——绘制时尚人物

【案例学习目标】学习使用绘制曲线工具、网格填充和PostScript填充工具绘制时尚人物。

【案例知识要点】使用网格工具和贝塞尔工具绘制眉毛和装饰图形，使用PostScript填充工具制作蛛网装饰效果，效果如图4-179所示。

【效果所在位置】Ch04/效果/绘制时尚人物.cdr。

图4-179

（1）按Ctrl+N组合键，新建一个A4页面。选择"矩形"工具，绘制一个矩形，设置图形颜色的CMYK值为0、0、0、10，填充图形，并去除图形的轮廓线，效果如图4-180所示。

（2）按Ctrl+I组合键，弹出"导入"对话框，打开本书学习资源中的"Ch04 > 素材 > 绘制时尚人物 > 01"文件，单击"导入"按钮，在页面中单击导入图片，选择"选择"工具，将其拖曳到适当的位置，效果如图4-181所示。

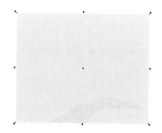

图4-180

图4-181

（3）保持图形的选取状态，单击属性栏中的"取消组合对象"按钮，取消图形组合，如图4-182所示。选取需要的图形，填充为黑色，并去除图形的轮廓线，效果如图4-183所示。选择"网状填充"工具，在图形中添加网格，效果如图4-184所示。

图4-182

图4-183

图4-184

（4）选取并调整需要的节点，效果如图4-185所示。选取中间添加的节点，选择"窗口 > 泊坞窗 > 彩色"命令，弹出"颜色泊坞窗"，选项的设置如图4-186所示，单击"填充"按钮，效果如图4-187所示。

图4-185

图4-186

图4-187

（5）用圈选的方法选取需要的节点，如图4-188所示。在"颜色泊坞窗"中，选项的设置如图4-189所示，单击"填充"按钮，效果如图4-190所示。

图4-188

图4-189

图4-190

（6）选择"贝塞尔"工具，在适当的位置绘制一个图形。在属性栏的"轮廓宽度"框中设置为0.5mm，按Enter键，效果如图4-191所示。设置图形颜色的CMYK值为40、0、100、0，填充图形，并去除图形的轮廓线，效果如图4-192所示。选择"贝塞尔"工具，在适当的位置绘制一个图形，如图4-193所示。

图4-191

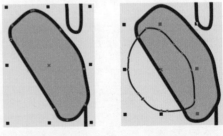

图4-192　　　　　图4-193

（7）设置图形颜色的CMYK值为15、75、

86、0，填充图形，并去除图形的轮廓线，效果如图4-194所示。选择"网状填充"工具，在图形中添加网格，如图4-195所示。

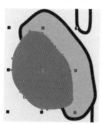

图4-194

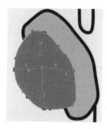

图4-195

（8）单击选取中心的节点，在"颜色泊坞窗"中，选项的设置如图4-196所示，单击"填充"按钮，效果如图4-197所示。

图4-196

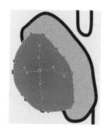

图4-197

（9）用圈选的方法选取需要的节点选取，

如图4-198所示。在"颜色泊坞窗"中，选项的设置如图4-199所示，单击"填充"按钮，效果如图4-200所示。

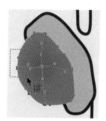

图4-198

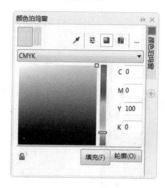

图4-199

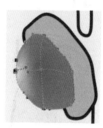

图4-200

（10）用圈选的方法选取需要的节点，如图4-201所示。填充为白色，效果如图4-202所示。单击选取需要的节点，如图4-203所示。填充为红色，效果如图4-204所示。

图4-201

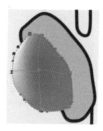

图4-202

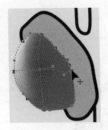

图4-203　　　　　　　图4-204

（11）选择"贝塞尔"工具，在适当的位
置绘制多个图形，如图4-205所示。分别填充为红
色、黄色和青色，并去除图形的轮廓线，效果如
图4-206所示。选择"贝塞尔"工具，在适当的
位置绘制两个图形，填充为橘红色，并去除图形
的轮廓线，效果如图4-207所示。

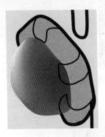

图4-205　　　　　　　图4-206

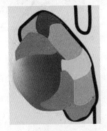

图4-207

（12）选择"选择"工具，分别选取需要
的图形，填充为红色、黄色、绿色和青色，并去
除图形的轮廓线，效果如图4-208所示。选择"贝
塞尔"工具，在适当的位置绘制一个图形。设
置图形颜色的CMYK值为40、100、0、0，填充图
形，并去除图形的轮廓线，效果如图4-209所示。
连续按Ctrl+PageDown组合键，后移图形，效果如
图4-210所示。

图4-208

图4-209

图4-210

（13）用相同的方法绘制图形并填充适当
的颜色，效果如图4-211所示。选择"贝塞尔"
工具，在适当的位置绘制多个图形。设置图
形颜色的CMYK值为0、40、0、0，填充图形，并
去除图形的轮廓线，效果如图4-212所示。连续
按Ctrl+PageDown组合键，后移图形，效果如图
4-213所示。

图4-211

图4-212

图4-213

（14）选择"文本"工具 ，在图形上输入需要的文字，选择"选择"工具 ，在属性栏中选取适当的字体并设置文字大小，效果如图4-214所示。选择"椭圆形"工具 ，按住Ctrl键的同时，绘制圆形，如图4-215所示。

图4-214

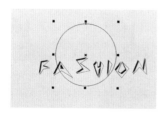

图4-215

（15）选择"编辑填充"工具 ，弹出"编辑填充"对话框，单击"PostScript填充"按

钮 ，选取需要的PostScript底纹样式，其他选项的设置如图4-216所示，单击"确定"按钮。填充图形，并去除图形的轮廓线，效果如图4-217所示。时尚人物绘制完成，效果如图4-218所示。

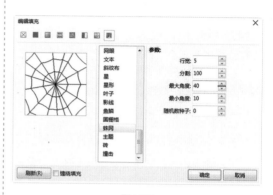

图4-216

图4-217

图4-218

4.3.2　底纹填充

选择"编辑填充"工具 ，弹出"编辑填充"对话框，单击"底纹填充"按钮 。在对话框中，CorelDRAW X7的底纹库提供了多个样

本组和几百种预设的底纹填充图案，如图4-219所示。

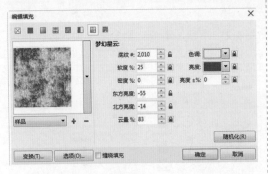

图4-219

在对话框中的"底纹库"选项的下拉列表中，可以选择不同的样本组。CorelDRAW X7底纹库提供了7个样本组。选择样本组后，在上面的"预览"框中显示出底纹的效果，单击"预览"框右侧的按钮，在弹出的面板中可以选择需要的底纹图案。

绘制一个图形，在"底纹库"中选择需要的样本后，单击"预览"框右侧的按钮，在弹出的面板中选择需要的底纹效果，单击"确定"按钮，可以将底纹填充到图形对象中。几个填充不同底纹的图形效果如图4-220所示。

图4-220

选择"交互式填充"工具，在属性栏中选择"底纹填充"选项，单击"填充挑选器"选项右侧的按钮，在弹出的下拉列表中可以选择底纹填充的样式。

4.3.3　网格填充

绘制一个要进行网状填充的图形，如图4-221所示。选择"交互式填充"工具展开式工具栏中的"网状填充"工具，在属性栏中将横竖网格的数值均设置为3，按Enter键，图形的网状填充效果如图4-222所示。

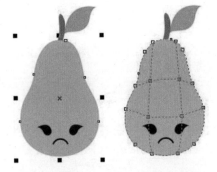

图4-221　　　　　图4-222

单击选中网格中需要填充的节点，如图4-223所示。在调色板中需要的颜色上单击鼠标左键，可以为选中的节点填充颜色，效果如图4-224所示。

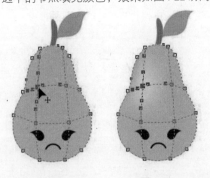

图4-223　　　　　图4-224

再依次选中需要的节点并进行颜色填充，如图4-225所示。选中节点后，拖曳节点的控制点可以扭曲颜色填充的方向，如图4-226所示。交互式网格填充效果如图4-227所示。

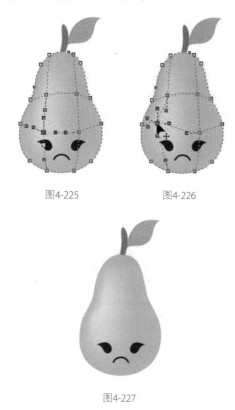

图4-225　　　　图4-226

图4-227

4.3.4　PostScript填充

PostScript填充是利用PostScript语言设计出来的一种特殊的图案填充。PostScript图案是一种特殊的图案。只有在"增强"视图模式下，PostScript填充的底纹才能显示出来。下面介绍PostScript填充的方法和技巧。

选择"编辑填充"工具 ，弹出"编辑填充"对话框，单击"PostScript填充"按钮 ，切换到相应的对话框，如图4-228所示。CorelDRAW X7提供了多个PostScript底纹图案。

图4-228

在对话框中，单击"预览填充"复选框，不需要打印就可以看到PostScript底纹的效果。在左上方的列表框中，提供了多个PostScript底纹，选择一个PostScript底纹，在下面的"参数"设置区中会出现所选PostScript底纹的参数。不同的PostScript底纹会有相对应的不同参数。

在"参数"设置区的各个选项中输入需要的数值，可以改变选择的PostScript底纹，产生新的PostScript底纹效果，如图4-229所示。

图4-229

选择"交互式填充"工具 ，在属性栏中选择"PostScript填充"选项，单击"PostScript填充底纹" 选项，可以在弹出的下拉面板中选择多种PostScript底纹填充的样式对图形对象进行填充，如图4-230所示。

图4-230

> **提示**
> CorelDRAW X7在屏幕上显示PostScript填充时用字母"PS"表示。PostScript填充使用的限制非常多，由于PostScript填充图案非常复杂，所以在打印和更新屏幕显示时会使处理时间增加。PostScript填充非常占用系统资源，使用时一定要慎重。

课堂练习——绘制棒棒糖

【练习知识要点】使用椭圆形工具和图样填充工具绘制背景，使用贝塞尔工具、矩形工具、椭圆形工具和渐变填充工具绘制棒棒糖，效果如图4-231所示。

【效果所在位置】Ch04/效果/绘制棒棒糖.cdr。

图4-231

课后习题——绘制电池图标

【习题知识要点】使用矩形工具、渐变填充工具、钢笔工具绘制背景，使用矩形工具、渐变填充工具、钢笔工具制作电池效果，使用文本工具输入说明文字，效果如图4-232所示。

【效果所在位置】Ch04/效果/绘制电池图标.cdr。

图4-232

第 5 章

排列和组合对象

本章介绍

　　CorelDRAW X7提供了多个命令和工具来排列和组合图形对象。本章将主要介绍排列和组合对象的功能以及相关的技巧。通过学习本章的内容，读者可以学会排列和组合绘图中的图形对象，轻松完成制作任务。

学习目标

◆ 熟练掌握对齐和分布对象的方法。

◆ 了解网格和辅助线的设置和使用方法。

◆ 掌握对象的排序方法。

◆ 掌握群组和结合的技巧。

技能目标

◆ 掌握"假日游轮插画"的制作方法。

◆ 掌握"木版画"的绘制方法。

5.1 对齐和分布

CorelDRAW X7提供了对齐和分布功能来设置对象的对齐和分布方式。下面介绍对齐和分布的使用方法和技巧。

命令介绍

对齐：控制多个对象之间的对齐，图形对象可以以页面或目标对象为基准进行对齐。

分布：控制多个图形对象之间的距离，图形对象可以分布在绘图页面或选定的区域范围内。

标注工具：给绘图对象绘制标注线。

5.1.1 课堂案例——制作假日游轮插画

【**案例学习目标**】学习使用绘画工具、对齐和分布命令制作假日游轮插画。

【**案例知识要点**】使用贝塞尔工具、矩形工具、对齐和分布命令、文本工具制作假日游轮插画，效果如图5-1所示。

【**效果所在位置**】Ch05/效果/制作假日游轮插画.cdr。

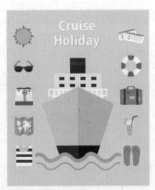

图5-1

（1）按Ctrl+N组合键，新建一个A4页面。选择"矩形"工具，在适当的位置绘制矩形。设置图形颜色的CMYK值为7、14、26、0，填充图形，并去除图形的轮廓线，效果如图5-2所示。选择"贝塞尔"工具，绘制一个图形，如图5-3所示。

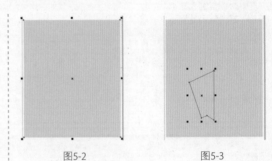

图5-2　　　　　　　　　图5-3

（2）设置图形颜色的CMYK值为19、19、20、0，填充图形，并去除图形的轮廓线，效果如图5-4所示。选择"选择"工具，按数字键盘上的+键，复制图形。单击属性栏中的"水平镜像"按钮，水平翻转复制的图形，效果如图5-5所示。

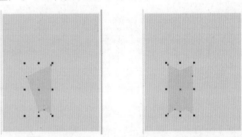

图5-4　　　　　　　　　图5-5

（3）将图形拖曳到适当的位置，效果如图5-6所示。设置图形颜色的CMYK值为27、26、25、0，填充图形，并去除图形的轮廓线，效果如图5-7所示。

图5-6　　　　　　　　　图5-7

（4）选择"选择"工具，选取需要的图形，按数字键盘上的+键，复制图形。选择"形状"工具，分别将上方的节点拖曳到适当的位置，效果如图5-8所示。设置图形颜色的CMYK值为100、80、49、13，填充图形，并去除图形的轮廓线，效果如图5-9所示。

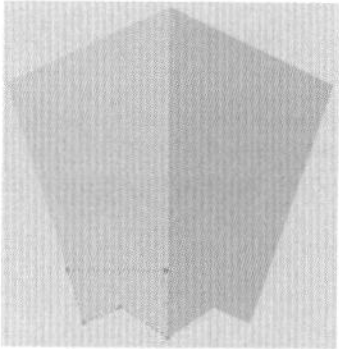

图5-8 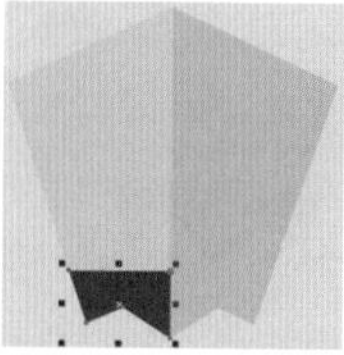　　　　　　　　图5-9

（5）选择"选择"工具，按数字键盘上的+键，复制图形。单击属性栏中的"水平镜像"按钮，水平翻转复制的图形，效果如图5-10所示。拖曳到适当的位置，效果如图5-11所示。设置图形颜色的CMYK值为100、90、58、25，填充图形，并去除图形的轮廓线，效果如图5-12所示。

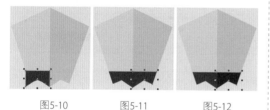

图5-10　　　　图5-11　　　　图5-12

（6）选择"矩形"工具，在适当的位置绘制矩形。设置图形颜色的CMYK值为0、0、0、10，填充图形，并去除图形的轮廓线，效果如图5-13所示。再次绘制矩形，设置图形颜色的CMYK值为0、0、0、90，填充图形，效果如图5-14所示。选择"选择"工具，按住Shift键的同时，拖曳图形到适当的位置并单击鼠标右键，复制图形，效果如图5-15所示。

图5-13　　　　图5-14　　　　图5-15

（7）连续按Ctrl+D组合键，复制两个图形，

如图5-16所示。选择"选择"工具，用圈选的方法将需要的图形同时选取。按住Shift键的同时，垂直向下拖曳图形到适当的位置并单击鼠标右键，复制图形，效果如图5-17所示。

图5-16　　　　　　　　图5-17

（8）选择"矩形"工具，在适当的位置绘制多个矩形，如图5-18所示。选择"选择"工具，用圈选的方法将需要的图形同时选取，如图5-19所示。

图5-18 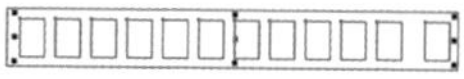　　　　　　　　图5-19

（9）选择"对象 > 对齐和分布 > 对齐与分布"命令，弹出"对齐与分布"泊坞窗，单击"底端对齐"按钮和"水平分散排列中心"按钮，如图5-20所示，对齐效果如图5-21所示。按Ctrl+G组合键群组图形，效果如图5-22所示。

图5-20

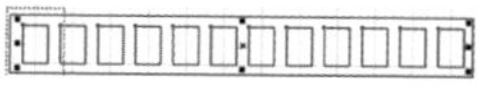

图5-21 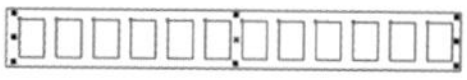　　　　　　　　图5-22

（10）选择"选择"工具，用圈选的方法将需要的图形同时选取。在"对齐与分布"泊坞窗中单击"水平居中对齐"按钮和"垂直居中对齐"按钮，如图5-23所示，对齐效果如图5-24所示。单击属性栏中的"移除后面对象"按

钮 ⬚，修改图形，效果如图5-25所示。

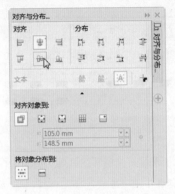

图5-23

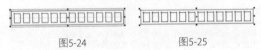

图5-24　　　　　　　图5-25

（11）保持图形的选取状态，填充为白色，并去除图形的轮廓线，拖曳到适当的位置，效果如图5-26所示。选择"矩形"工具 ⬚，在适当的位置绘制矩形，填充为白色，并去除图形的轮廓线，效果如图5-27所示。

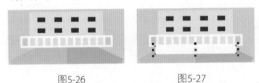

图5-26　　　　　　　图5-27

（12）选择"矩形"工具 ⬚，在适当的位置绘制矩形。设置图形颜色的CMYK值为100、80、49、13，填充图形，并去除图形的轮廓线，效果如图5-28所示。再次绘制矩形，设置图形颜色的CMYK值为40、91、100、6，填充图形，并去除图形的轮廓线，效果如图5-29所示。选择"选择"工具 ⬚，用圈选的方法将需要的图形同时选取。连续按Ctrl+PageDown组合键，后移图形，效果如图5-30所示。

图5-28　　　　图5-29　　　　图5-30

（13）选择"选择"工具 ⬚，用圈选的方法

将需要的图形同时选取。连续按Ctrl+PageDown组合键，后移图形，效果如图5-31所示。选择"贝塞尔"工具 ⬚，绘制一条曲线，如图5-32所示。

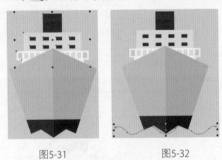

图5-31　　　　　　　图5-32

（14）按Alt+Enter组合键，弹出"对象属性"泊坞窗，将轮廓颜色的CMYK值为56、9、24、0，其他选项的设置如图5-33所示，效果如图5-34所示。

图5-33　　　　　　　图5-34

（15）选择"选择"工具 ⬚，将需要的曲线选取。按住Shift键的同时，垂直向下拖曳曲线到适当的位置并单击鼠标右键，复制曲线，效果如图5-35所示。在属性栏的"轮廓宽度" ⬚ .2mm 框中设置为2mm，按Enter键，效果如图5-36所示。

图5-35　　　　　　　图5-36

（16）选择"选择"工具 ⬚，用圈选的方法将需要的图形同时选取。按Ctrl+G组合键群组图形，效果如图5-37所示。选择"文本"工具 ⬚，在图形上分别输入需要的文字，选择"选择"工具 ⬚，在属性栏中选取适当的字体并设置文字大小，填

充文字为白色，效果如图5-38所示。

图5-37　　　　　　　　图5-38

（17）选择"选择"工具，按数字键盘上的+键，复制文字。设置文字颜色的CMYK值为0、0、0、50，填充文字，微移其位置，效果如图5-39所示。按Ctrl+PageDown组合键，后移文字，效果如图5-40所示。

图5-39　　　　　　　　图5-40

（18）选择"选择"工具，用圈选的方法将需要的文字同时选取。按Ctrl+G组合键群组文字，效果如图5-41所示。选择"选择"工具，用圈选的方法将需要的图形和文字同时选取。在"对齐与分布"泊坞窗中单击"水平居中对齐"按钮和"垂直居中对齐"按钮，对齐效果如图5-42所示。

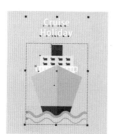

图5-41　　　　　　　　图5-42

（19）按Ctrl+I组合键，弹出"导入"对话框，打开本书学习资源中的"Ch05 > 素材 > 制作假日游轮插画 > 01~10"文件，单击"导入"按钮，在页面中分别单击导入图片，选择"选择"工具，分别

调整其位置和大小，效果如图5-43所示。

（20）选择"选择"工具，用圈选的方法将需要的图片同时选取。在"对齐与分布"泊坞窗中单击"水平居中对齐"按钮和"垂直分散排列中心"按钮，如图5-44所示，对齐效果如图5-45所示。

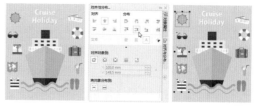

图5-43　　　　　　图5-44　　　　　　图5-45

（21）选择"选择"工具，用圈选的方法将需要的图片同时选取。在"对齐与分布"泊坞窗中单击"水平居中对齐"按钮和"垂直分散排列中心"按钮，如图5-46所示，对齐效果如图5-47所示。假日游轮插画制作完成，效果如图5-48所示。

图5-46　　　　　　图5-47　　　　　　图5-48

5.1.2　多个对象的对齐和分布

1. 多个对象的对齐

使用"选择"工具选中多个要对齐的对象，选择"对象 > 对齐和分布 > 对齐与分布"命令，或按Ctrl+Shift+A组合键，或单击属性栏中的"对齐与分布"按钮，弹出如图5-49所示的"对齐与分布"泊坞窗。

在"对齐与分布"泊坞窗中的"对齐"选项组中，可以选择两组对齐方式，如左对齐、水平居中对齐、右对齐或者顶端对齐、垂直居中对齐、底端对齐。两组对齐方式可以单独使用，也可以配合使用，如对齐右底端、左顶端等设置就需要配合使用。

在"对齐对象到"选项组中可以选择对齐基准，如"活动对象"按钮、"页面边缘"按钮、"页面中心"按钮、"网格"按钮和"指定点"按钮。对齐基准按钮必须与左、中、右对齐或者顶端、中、底端对齐按钮同时使用，以指定图形对象的某个部分去和相应的基准线对齐。

选择"选择"工具，按住Shift键，单击几个要对齐的图形对象将它们全选中，如图5-50所示。注意要将图形目标对象最后选中，因为其他图形对象将以图形目标对象为基准对齐，本例中以右下角的图形为图形目标对象，所以最后选中它。

图5-49

图5-50

选择"对象 > 对齐和分布 > 对齐与分布"命令，弹出"对齐与分布"泊坞窗，在泊坞窗中单击"右对齐"按钮，如图5-51所示，几个图形对象以最后选取的图形的右边缘为基准进行对齐，效果如图5-52所示。

图5-51

图5-52

在"对齐与分布"泊坞窗中，单击"垂直居中对齐"按钮，再单击"对齐对象到"选项组中的"页面中心"按钮，如图5-53所示，几个图形对象以页面中心为基准进行垂直居中对齐，效果如图5-54所示。

图5-53

图5-54

🔎 提示

在"对齐与分布"泊坞窗中，还可以进行多种图形对齐方式的设置，只要多练习就可以很快掌握。

2. 多个对象的分布

使用"选择"工具选择多个要分布的图形对象，如图5-55所示。再选择"对象 > 对齐和分布 > 对齐与分布"命令，弹出"对齐与分布"泊坞窗，在"分布"选项组中显示分布排列的按钮，如图5-56所示。

图5-55

图5-56

在"分布"对话框中有两种分布形式，分别是沿垂直方向分布和沿水平方向分布。可以选择不同的基准点来分布对象。

在"将对象分布到"选项组中，分别单击
"选定的范围"按钮和"页面范围"按钮，
如图5-57所示进行设定，几个图形对象的分布效
果如图5-58所示。

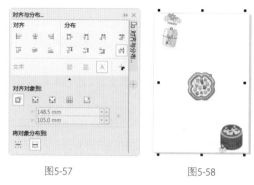

图5-57　　　　　　　　图5-58

5.1.3　网格和辅助线的设置和使用

1. 设置网格

选择"视图 > 网格 > 文档网格"命令，在页
面中生成网格，效果如图5-59所示。如果想消除
网格，只要再次选择"视图 > 网格 > 文档网格"
命令即可。

在绘图页面中单击鼠标右键，弹出其快捷菜
单，在菜单中选择"视图 > 文档网格"命令，如
图5-60所示，也可以在页面中生成网格。

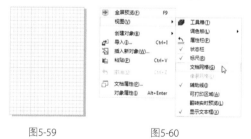

图5-59　　　　　　　　图5-60

在绘图页面的标尺上单击鼠标右键，弹出
快捷菜单，在菜单中选择"栅格设置"命令，
如图5-61所示，弹出"选项"对话框，如图
5-62所示。在"文档网格"选项组中可以设置
网格的密度和网格点的间距。"基线网格"选
项组中可以设置从顶部开始的距离和基线间的
间距。若要查看像素网格设置的效果，必须切
换到"像素"视图。

图5-61

图5-62

2. 设置辅助线

将鼠标的光标移动到水平或垂直标尺上，按
住鼠标左键不放，并向下或向右拖曳光标，可以
绘制一条辅助线，在适当的位置松开鼠标左键，
辅助线效果如图5-63所示。

要想移动辅助线必须先选中辅助线，将鼠标
的光标放在辅助线上并单击鼠标左键，辅助线被
选中并呈红色，用光标拖曳辅助线到适当的位置
即可，如图5-64所示。在拖曳的过程中，单击鼠
标右键可以在当前位置复制出一条辅助线。选中
辅助线后，按Delete键，可以将辅助线删除。

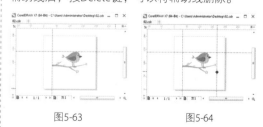

图5-63　　　　　　　　图5-64

辅助线被选中变成红色后，再次单击辅助
线，将出现辅助线的旋转模式，如图5-65所示，
可以通过拖曳两端的旋转控制点来旋转辅助线，
如图5-66所示。

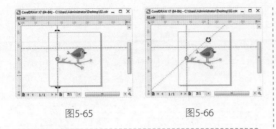

图5-65　　　　　　　图5-66

🔍 **提示**

　　选择"窗口 > 泊坞窗 > 辅助线"命令，或使用鼠标右键单击标尺，弹出快捷菜单，在其中选择"辅助线设置"命令，弹出"辅助线"泊坞窗，也可设置辅助线。

　　在辅助线上单击鼠标右键，在弹出的快捷菜单中选择"锁定对象"命令，可以将辅助线锁定，用相同的方法在弹出的快捷菜单中选择"解锁对象"命令，可以将辅助线解锁。

3. 对齐网格、辅助线和对象

　　选择"视图 > 贴齐 > 文档网格"命令，或单击"贴齐"按钮，在弹出的下拉列表中选择"文档网格"选项，如图5-67所示，或按Ctrl+Y组合键。再选择"视图 > 网格 > 文档网格"命令，在绘图页面中设置好网格，在移动图形对象的过程中，图形对象会自动对齐到网格、辅助线或其他图形对象上，如图5-68所示。

　　在"对齐与分布"泊坞窗中选取需要的对齐或分布方式，选择"对齐对象到"选项组中的"网格"按钮■，如图5-69所示。图形对象的中心点会对齐到最近的网格点，在移动图形对象时，图形对象会对齐到最近的网格点。

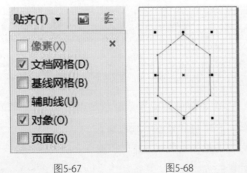

图5-67　　　　　　　图5-68

图5-69

　　选择"视图 > 贴齐 > 辅助线"命令，或单击"贴齐"按钮在弹出的下拉列表中选择"辅助线"选项，可使图形对象自动对齐辅助线。

　　选择"视图 > 贴齐 > 对象"命令，或单击"贴齐"按钮，在弹出的下拉列表中选择"对象"选项，或按Alt+Z组合键，使两个对象的中心对齐重合。

🔍 **技巧**

　　在曲线图形对象之间，用"选择"工具 ，或"形状"工具 选择并移动图形对象上的节点时，"对齐对象"选项的功能可以方便准确地进行节点间的捕捉对齐。

5.1.4　标尺的设置和使用

　　标尺可以帮助用户了解图形对象的当前位置，以便设计作品时确定作品的精确尺寸。下面介绍标尺的设置和使用方法。

　　选择"视图 > 标尺"命令，可以显示或隐藏标尺。显示标尺的效果如图5-70所示。

图5-70

　　将鼠标的光标放在标尺左上角的 图标上，

单击并按住鼠标左键不放进行拖曳，出现十字虚线的标尺定位线，如图5-71所示。在需要的位置松开鼠标左键，可以设定新的标尺坐标原点。双击图标，可以将标尺还原到原始的位置。

按住Shift键，将鼠标的光标放在标尺左上角的图标上，单击并按住鼠标左键不放进行拖曳，可以将标尺移动到新位置，如图5-72所示。

使用相同的方法将标尺拖放回左上角，可以还原标尺的位置。

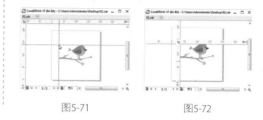

图5-71　　　　　　　图5-72

5.1.5　标注线的绘制

在工具箱中共有5种标注工具，它们从上到下依次是"平行度量"工具、"水平或垂直度量"工具、"角度量"工具、"线段度量"工具和"3点标注"工具。选择"平行度量"工具，弹出其属性栏，如图5-73所示。

图5-73

打开一个图形对象，如图5-74所示。选择"平行度量"工具，将鼠标的光标移动到图形对象的右侧顶部单击并向下拖曳光标，将光标移动到图形对象的底部后再次单击鼠标左键，再将鼠标指针拖曳到线段的中间，如图5-75所示。再次单击完成标注，效果如图5-76所示。使用相同的方法，可以用其他标注工具为图形对象进行标注，标注完成后的图形效果如图5-77所示。

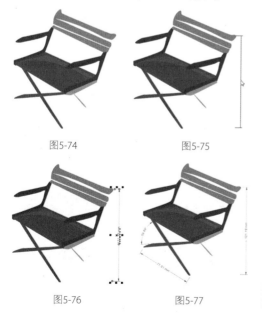

图5-74　　　　　　　图5-75

图5-76　　　　　　　图5-77

5.1.6　对象的排序

在CorelDRAW X7中，绘制的图形对象都存在重叠的关系。如果在绘图页面中的同一位置先后绘制两个不同背景的图形对象，后绘制的图形对象将位于先绘制图形对象的上方。

使用CorelDRAW X7的排序功能可以安排多个图形对象的前后顺序，也可以使用图层来管理图形对象。

在绘图页面中先后绘制几个不同的图形对象，效果如图5-78所示。使用"选择"工具选择要进行排序的图形对象，如图5-79所示。

选择"对象 > 顺序"子菜单下的各个命令，如图5-80所示，可将已选择的图形对象排序。

图5-78　　　　　　　图5-79

图5-80

选择"到图层前面"命令,可以将背景图形从当前层移动到绘图页面中其他图形对象的最前面,效果如图5-81所示。按Shift+PageUp组合键,也可以完成这个操作。

选择"到图层后面"命令,可以将背景图形从当前层移动到绘图页面中其他图形对象的最后面,如图5-82所示。按Shift+PageDown组合键,也可以完成这个操作。

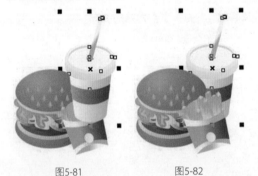

图5-81   图5-82

选择"向前一层"命令,可以将选定的背景图形从当前位置向前移动一个图层,如图5-83所示。按Ctrl+PageUp组合键,也可以完成这个操作。

当图形位于图层最前面的位置时,选择"向后一层"命令,可以将选定的图形(背景)从当前位置向后移动一个图层,如图5-84所示。按Ctrl+PageDown组合键,也可以完成这个操作。

图5-83   图5-84

选择"置于此对象前"命令,可以将选择的图形放置到指定图形对象的前面,选择"置于此对象前"命令后,鼠标的光标变为黑色箭头,使用黑色箭头单击指定图形对象,如图5-85所示,图形被放置到指定图形对象的前面,效果如图5-86所示。

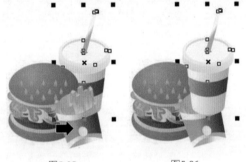

图5-85   图5-86

选择"置于此对象后"命令,可以将选择的图形放置到指定图形对象的后面,选择"置于此对象后"命令后,鼠标的光标变为黑色箭头,使用黑色箭头单击指定的图形对象,如图5-87所示,图形被放置到指定的背景图形对象的后面,效果如图5-88所示。

图5-87   图5-88

5.2 群组和结合

CorelDRAW X7提供了群组和结合功能，群组可以将多个不同的图形对象组合在一起，方便整体操作；结合可以将多个图形对象合并在一起，创建出一个新的对象。下面介绍群组和结合的方法和技巧。

命令介绍

群组：可以将多个不同的图形对象组合在一起。

5.2.1 课堂案例——绘制木版画

【案例学习目标】学习使用几何图形工具、合并命令和对齐与分布泊坞窗绘制木版画。

【案例知识要点】使用椭圆工具绘制鸡身图形，使用贝塞尔工具绘制小鸡腿部图形，使用矩形工具和渐变工具绘制背景，使用文本工具添加文字，使用合并命令对所有的图形进行合并，效果如图5-89所示。

【效果所在位置】Ch05/效果/绘制木版画.cdr。

图5-89

（1）按Ctrl+N组合键，新建一个A4页面。选择"椭圆形"工具◯，单击属性栏中的"饼图"按钮，在页面上从左上方向右下方拖曳鼠标绘制图形，效果如图5-90所示。

（2）选择"选择"工具，按数字键盘上的+键，复制一个图形。单击属性栏中的"垂直镜像"按钮，垂直翻转复制的图形，效果如图所示。将其拖曳到适当的位置并调整大小，效果如图5-92所示。

图5-90　　　　图5-91　　　　图5-92

（3）选择"贝塞尔"工具，绘制一个图形，如图5-93所示。选择"选择"工具，按数字键盘上的+键，复制一个图形。按住Ctrl键的同时，水平向右拖曳图形到适当的位置，效果如图5-94所示。

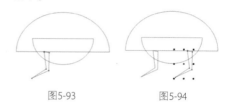

图5-93　　　　　　图5-94

（4）选择"贝塞尔"工具，绘制一个图形，如图5-95所示。选择"选择"工具，按两次数字键盘上的+键，复制两个图形。并分别拖曳图形到适当的位置，效果如图5-96所示。

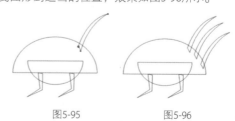

图5-95　　　　　　图5-96

（5）选择"贝塞尔"工具，绘制一个图形，如图5-97所示。选择"3点椭圆形"工具，分别绘制三个倾斜的椭圆形，如图5-98所示。

图5-97　　　　　　图5-98

（6）选择"贝塞尔"工具，绘制一个图形，如图5-99所示。用相同的方法再次绘制多个图形，效果如图5-100所示。

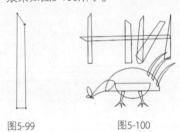

图5-99　　　　　　图5-100

（7）选择"椭圆形"工具，按住Ctrl键的同时，绘制一个圆形，如图5-101所示。用相同的方法再次绘制多个圆形，效果如图5-102所示。

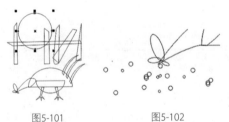

图5-101　　　　　　图5-102

（8）选择"贝塞尔"工具，绘制一个图形，如图5-103所示。选择"选择"工具，按两次数字键盘上的+键，复制两个图形，分别拖曳图形到适当的位置并调整其大小，效果如图5-104所示。

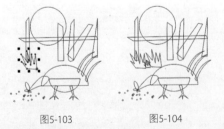

图5-103　　　　　　图5-104

（9）选择"矩形"工具，按住Ctrl键的同时，绘制一个正方形，如图5-105所示。按F11

键，弹出"编辑填充"对话框，选择"渐变填充"按钮，将"起点"颜色的CMYK值设置为0、0、100、0，"终点"颜色的CMYK值设置为0、100、100、0，其他选项的设置如图5-106所示。单击"确定"按钮，填充图形，并去除图形的轮廓线，效果如图5-107所示。

（10）按Shift+PageDown组合键，将其置后，效果如图5-108所示。选择"选择"工具，用圈选的方法将所需要的图形同时选取，如图5-109所示。单击属性栏中的"合并"按钮，将图形结合为一个图形，效果如图5-110所示。

图5-105

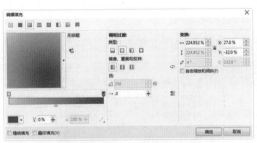

图5-106

图5-107 　　　　　　图5-108

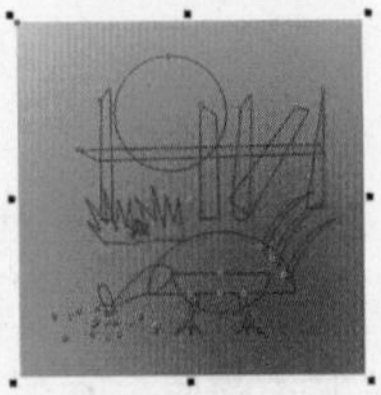

图5-109 　　　　　　图5-110

（11）选择"矩形"工具 ▢，按住Ctrl键的同时，绘制一个正方形，设置图形颜色的CMYK值为0、0、100、0，填充图形，并去除图形的轮廓线，效果如图5-111所示。按Shift+PageDown组合键，将其置后，效果如图5-112所示。

图5-111   图5-112

（12）选择"选择"工具 ▣，用圈选的方法将所需要的图形同时选取。单击属性栏中的"对齐与分布"按钮 ▣，弹出"对齐与分布"泊坞窗，单击"水平居中对齐"按钮 ▣ 和"垂直居中对齐"按钮 ▣，如图5-113所示，对齐效果如图5-114所示。木版画绘制完成。

图5-113   图5-114

5.2.2　组合对象

绘制几个图形对象，使用"选择"工具 ▣ 选中要进行群组的图形对象，如图5-115所示。选择"排列 > 群组"命令，或按Ctrl+G组合键，或单击属性栏中的"组合对象"按钮 ▣，都可以将多个图形对象进行群组，效果如图5-116所示。按住Ctrl键，选择"选择"工具 ▣，单击需要选取的子对象，松开Ctrl键，子对象被选取，效果如图5-117所示。

图5-115   图5-116   图5-117

群组后的图形对象变成一个整体。移动一个对象，其他的对象将会随着移动；填充一个对象，其他的对象也将随着被填充。

选择"对象 > 组合 > 取消组合对象"命令，或按Ctrl+U组合键，或单击属性栏中的"取消组合对象"按钮 ▣，可以取消对象的群组状态。选择"对象 > 组合 > 取消组合所有对象"命令，或单击属性栏中的"取消组合所有对象"按钮 ▣，可以取消所有对象的群组状态。

> 🔍 **提 示**
>
> 在群组中，子对象可以是单个的对象，也可以是多个对象组成的群组，称为群组的嵌套。使用群组的嵌套，可以管理多个对象之间的关系。

5.2.3　结合

绘制几个图形对象，如图5-118所示。使用"选择"工具 ▣，选中要进行结合的图形对象，如图5-119所示。

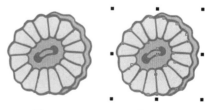

图5-118   图5-119

选择"对象 > 合并"命令，或按Ctrl+L组合键，可以将多个图形对象合并，效果如图5-120所示。

使用"形状"工具 ▣ 选中结合后的图形对象，可以对图形对象的节点进行调整，如图

5-121所示。改变图形对象的形状，效果如图
5-122所示。

图5-120

图5-121

图5-122

选择"对象 > 拆分曲线"命令，或按Ctrl+K

组合键，可以取消图形对象的合并状态，原来合并的图形对象将变为多个单独的图形对象。

🔍 **提示**

如果对象合并前有颜色填充，那么结合后的对象将显示最后选取对象的颜色。如果使用圈选的方法选取对象，将显示圈选框最下方对象的颜色。

📝 课堂练习——制作药膳书籍封面

【练习知识要点】使用矩形工具和图框精确剪裁命令制作装饰图形效果，使用文本工具添加文字，使用对齐和分布命令调整图片位置，使用贝塞尔工具绘制不规则图形，效果如图5-123所示。

【素材所在位置】Ch05/素材/制作药膳书籍封面/01~12。

【效果所在位置】Ch05/效果/制作药膳书籍封面.cdr。

图5-123

📝 课后习题——绘制可爱猫头鹰

【习题知识要点】使用椭圆形工具和图样填充命令绘制背景，使用椭圆形工具和图框精确剪裁绘制猫头鹰身体，使用贝塞尔、矩形工具、3点椭圆形工具、多边形工具和群组命令绘制猫头鹰五官，效果如图5-124所示。

【效果所在位置】Ch05/效果/绘制可爱猫头鹰.cdr。

图5-124

第 *6* 章

编辑文本

本章介绍

　　CorelDRAW X7具有强大的文本输入、编辑和处理功能。在CorelDRAW X7中，除了可以进行常规的文本输入和编辑外，还可以进行复杂的特效文本处理。通过学习本章的内容，读者可以了解并掌握应用CorelDRAW X7编辑文本的方法和技巧。

学习目标

◆ 掌握创建和编辑文本的方法。

◆ 熟练掌握文本属性面板的使用方法。

◆ 掌握制表位和制表符的设置方法。

◆ 熟练掌握文本效果的制作方法。

技能目标

◆ 掌握"咖啡招贴"的制作方法。

◆ 掌握"台历"的制作方法。

◆ 掌握"美食内页"的制作方法。

6.1 文本的基本操作

在CorelDRAW中，文本是具有特殊属性的图形对象。下面介绍在CorelDRAW X7中处理文本的一些基本操作。

命令介绍

文本工具：用于输入美术字文本和段落文本。

复制文本属性：可以快速地将不同的文本属性设置成相同的文本属性。

6.1.1 课堂案例——制作咖啡招贴

【**案例学习目标**】学习使用绘图工具和文本工具制作咖啡招贴。

【**案例知识要点**】使用导入命令和图框精确裁剪命令制作背景效果，使用矩形工具和复制命令绘制装饰图形，使用文本工具和对象属性泊坞窗添加宣传文字，效果如图6-1所示。

【**效果所在位置**】Ch06/效果/制作咖啡招贴.cdr。

图6-1

（1）按Ctrl+N组合键，新建一个文件。在属性栏的"页面度量"选项中将"宽度"选项设为210mm，"高度"选项设为285mm，按Enter键，页面显示为设置的大小。双击"矩形"工具，绘制一个与页面大小相等的矩形，如图6-2所示。

（2）按Ctrl+I组合键，弹出"导入"对话框，选择本书学习资源中的"Ch06 > 素材 > 制作咖啡招贴 > 01"文件，单击"导入"按钮，在页面中单击导入图片，拖曳到适当的位置并调整其大小，效果如图6-3所示。

（3）选择"选择"工具，选取导入的图片，按Ctrl+PageDown组合键，后移图形。选择"对象 > 图框精确剪裁 > 置于图文框内部"命令，鼠标光标变为黑色箭头形状，在矩形上单击鼠标，将图片置入矩形，并去除图形的轮廓线，效果如图6-4所示。

图6-2　　　　　图6-3　　　　　图6-4

（4）选择"矩形"工具，在适当的位置绘制矩形，设置图形颜色的CMYK值为4、76、83、0，填充图形，并去除图形的轮廓线，效果如图6-5所示。选择"选择"工具，按住Shift键的同时，将矩形垂直向下拖曳到适当的位置并单击鼠标右键，复制矩形，如图6-6所示。

（5）保持矩形的选取状态，在属性栏的"转角半径"框中进行设置，如图6-7所示，按Enter键，效果如图6-8所示。

图6-5　　图6-6　　　　　图6-7　　　　图6-8

（6）保持图形的选取状态，设置图形颜色的CMYK值为40、85、100、5，填充图形，效果如图6-9所示。按Ctrl+PageDown组合键，后移图形，效果如图6-10所示。选择"选择"工具，用圈选的方法将需要的图形同时选取，按住Shift键的同时，将其水平向右拖曳到适当的位置并单击鼠标右键，复制图形，如图6-11所示。

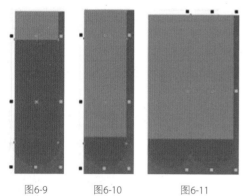

图6-9　　　　图6-10　　　　图6-11

（7）选择"选择"工具，选取需要的图形，设置填充颜色的CMYK值为3、9、23、0，填充图形，效果如图6-12所示。再次选取需要的图形，设置填充颜色的CMYK值为39、39、48、0，填充图形，效果如图6-13所示。

（8）选择"选择"工具，用圈选的方法将需要的图形同时选取，如图6-14所示。按住Shift键的同时，将其水平向右拖曳到适当的位置并单击鼠标右键，复制图形，如图6-15所示。

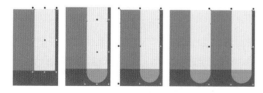

图6-12　　图6-13　　图6-14　　图6-15

（9）连续按Ctrl+D组合键，复制多个图形，效果如图6-16所示。选择"矩形"工具，在适当的位置绘制矩形，设置图形颜色的CMYK值为4、76、83、0，填充图形，并去除图形的轮廓线，效果如图6-17所示。再次绘制矩形，设置图形颜色的CMYK值为40、85、100、5，填充图形，并去除图形的轮廓线，效果如图6-18所示。

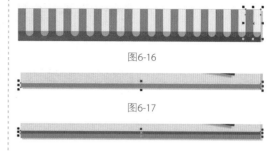

图6-16

图6-17

图6-18

（10）选择"文本"工具，在页面中分别输入需要的文字，选择"选择"工具，在属性栏中分别选取适当的字体并设置文字大小，设置填充颜色的CMYK值为0、0、100、0，填充文字，效果如图6-19所示。

（11）选取需要的文字，按Alt+Enter组合键，弹出"对象属性"泊坞窗，单击"段落"按钮，弹出相应的泊坞窗，选项的设置如图6-20所示，按Enter键，文字效果如图6-21所示。

图6-19　　　　　　图6-20

图6-21

（12）选取需要的文字，在"对象属性"泊坞窗中，选项的设置如图6-22所示，按Enter键，文字效果如图6-23所示。

图6-22 图6-23

（13）选取需要的文字，在"对象属性"泊坞窗中，选项的设置如图6-24所示，按Enter键，文字效果如图6-25所示。

图6-24 图6-25

（14）选择"文本"工具字，在页面中分别输入需要的文字，选择"选择"工具，在属性栏中分别选取适当的字体并设置文字大小，效果如图6-26所示。按住Shift键的同时，选取需要的文字，设置填充颜色的CMYK值为20、0、20、0，填充文字，效果如图6-27所示。选取需要的文字，设置填充颜色的CMYK值为0、0、100、0，填充文字，效果如图6-28所示。

图6-26 图6-27

图6-28

（15）保持文字的选取状态。在"对象属性"泊坞窗中选项的设置如图6-29所示，按Enter键，文字效果如图6-30所示。再次单击文字，使其处于旋转状态，向右拖曳上方中间的控制手柄到适当的位置，效果如图6-31所示。

图6-29 图6-30

图6-31

（16）按住Shift键的同时，选取需要的文字，在"对象属性"泊坞窗中选项的设置如图6-32所示，按Enter键，文字效果如图6-33所示。

图6-32 图6-33

（17）选择"文本"工具 ，在页面中分别输入需要的文字，选择"选择"工具 ，在属性栏中分别选取适当的字体并设置文字大小，填充适当的颜色，效果如图6-34所示。选取需要的文字，在"对象属性"泊坞窗中选项的设置如图6-35所示，按Enter键，文字效果如图6-36所示。

图6-34　　　　　　　　　　图6-35

图6-36

（18）选择"选择"工具 ，用圈选的方法将需要的文字同时选取，在属性栏中的"旋转角度" 框中设置数值为351.9°，按Enter键，效果如图6-37所示。选择"文本"工具 ，在页面中输入需要的文字，选择"选择"工具 ，在属性栏中分别选取适当的字体并设置文字大小，效果如图6-38所示。

图6-37　　　　　　　　　　图6-38

（19）保持文字的选取状态，在"对象属性"泊坞窗中选项的设置如图6-39所示，按Enter键，文字效果如图6-40所示。咖啡招贴制作完成，效果如图6-41所示。

图6-39　　　　　　　　　　图6-40

图6-41

6.1.2　创建文本

CorelDRAW X7中的文本具有两种类型，分别是美术字文本和段落文本。它们在使用方法、应用编辑格式、应用特殊效果等方面有很大的区别。

1.　输入美术字文本

选择"文本"工具 ，在绘图页面中单击鼠标左键，出现"I"形插入文本光标，这时属性栏显示为"文本"属性栏，选择字体，设置字号和字符属性，如图6-42所示。设置好后，直接输入美术字文本，效果如图6-43所示。

图6-42

图6-43

图6-47　　图6-48　　图6-49

2. 输入段落文本

选择"文本"工具 字，在绘图页面中按住鼠标左键不放，沿对角线拖曳光标，出现一个矩形的文本框，松开鼠标左键，文本框如图6-44所示。在"文本"属性栏中选择字体，设置字号和字符属性，如图6-45所示。设置好后，直接在虚线框中输入段落文本，效果如图6-46所示。

图6-44

图6-45

图6-46

🔍技巧

利用剪切、复制和粘贴等命令，可以将其他文本处理软件中的文本复制到CorelDRAW X7的文本框中，如Office软件。

3. 转换文本模式

使用"选择"工具 选中美术字文本，如图6-47所示。选择"文本 > 转换为段落文本"命令，或按Ctrl+F8组合键，可以将其转换到段落文本，如图6-48所示。再次按Ctrl+F8组合键，可以将其转换为美术字文本，如图6-49所示。

🔍提示

当美术字文本转换成段落文本后，它就不是图形对象，也就不能进行特殊效果的操作。当段落文本转换成美术字文本后，它会失去段落文本的格式。

6.1.3　改变文本的属性

1. 在属性栏中改变文本的属性

选择"文本"工具 字，属性栏如图6-50所示。各选项的含义如下。

字体： 单击 Arial 右侧的三角按钮，可以选取需要的字体。

字号： 单击 24 pt 右侧的三角按钮，可以选取需要的字号。

：设定字体为粗体、斜体或下划线。

"文本对齐"按钮： 在其下拉列表中选择文本的对齐方式。

"文本属性"按钮： 打开"文本属性"面板。

"编辑文本"按钮： 打开"编辑文本"对话框，可以编辑文本的各种属性。

：设置文本的排列方式为水平或垂直。

2. 利用"文本属性"泊坞窗改变文本的属性

单击属性栏中的"文本属性"按钮，打开"文本属性"面板，如图6-51所示，可以设置文字的字体及大小等属性。

图6-50 图6-51

6.1.4 文本编辑

选择"文本"工具 <u>字</u> ，在绘图页面中的文本中单击鼠标左键，插入鼠标光标并按住鼠标左键不放，拖曳光标可以选中需要的文本，松开鼠标左键，如图6-52所示。

在"文本"属性栏中重新选择字体，如图6-53所示。设置好后，选中文本的字体被改变，效果如图6-54所示。在"文本"属性栏中还可以设置文本的其他属性。

图6-52

图6-53

图6-54

选中需要填色的文本，在调色板中需要的

颜色上单击鼠标左键，可以为选中的文本填充颜色，如图6-55所示。在页面上的任意位置单击鼠标左键，可以取消对文本的选取，如图6-56所示。

按住Alt键并拖曳文本框，如图6-57所示，可以按文本框的大小改变段落文本的大小，如图6-58所示。

图6-55 图6-56

图6-57 图6-58

选中需要复制的文本，如图6-59所示，按Ctrl+C组合键，将选中的文本复制到Windows的剪贴板中。用光标在文本中其他位置单击插入光标，再按Ctrl+V组合键，可以将选中的文本粘贴到文本中的其他位置，效果如图6-60所示。

在文本中的任意位置插入鼠标的光标，效果如图6-61所示，再按Ctrl+A组合键，可以将整个文本选中，效果如图6-62所示。

图6-59 图6-60

图6-61

图6-62

选择"选择"工具,选中需要编辑的文本,单击属性栏中的"编辑文本"按钮,或选择"文本>编辑文本"命令,或按Ctrl+Shift+T组合键,弹出"编辑文本"对话框,如图6-63所示。

图6-63

在"编辑文本"对话框中,上面的选项可以设置文本的属性,中间的文本栏可以输入需要的文本。

单击下面的"选项"按钮,弹出如图6-64所示的快捷菜单,在其中选择需要的命令来完成编辑文本的操作。

单击下面的"导入"按钮,弹出如图6-65所示的"导入"对话框,可以将需要的文本导入"编辑文本"对话框的文本框中。

在"编辑文本"对话框中编辑好文本后,单击"确定"按钮,编辑好的文本内容就会出现在绘图页面中。

图6-64   图6-65

6.1.5　文本导入

在杂志、报纸的制作过程中,经常会将已编辑好的文本插入页面中,这些编辑好的文本都是用其他的字处理软件输入的。使用CorelDRAW X7的导入功能,可以方便快捷地完成输入文本的操作。

1. 使用剪贴板导入文本

CorelDRAW X7可以借助剪贴板在两个运行的程序间剪贴文本。一般可以使用的字处理软件有Word、WPS等。

在Word、WPS等软件的文件中选中需要的文本,按Ctrl+C组合键,将文本复制到剪贴板。

在CorelDRAW X7中选择"文本"工具,在绘图页面中需要插入文本的位置单击鼠标左键,出现"I"形插入文本光标。按Ctrl+V组合键,将剪贴板中的文本粘贴到插入文本光标的位置,美术字文本的导入完成。

在CorelDRAW X7中选择"文本"工具,在绘图页面中单击鼠标左键并拖曳光标绘制出一个文本框。按Ctrl+V组合键,将剪贴板中的文本粘贴到文本框中。段落文本的导入完成。

选择"编辑>选择性粘贴"命令,弹出"选择性粘贴"对话框,如图6-66所示。在对话框中,可以将文本以图片、Word文档格式、纯文本Text格式导入,并根据需要选择不同的导入格式。

图6-66

2. 使用菜单命令导入文本

选择"文件 > 导入"命令，或按Ctrl+I组合键，弹出"导入"对话框，选择需要导入的文本文件，如图6-67所示，单击"导入"按钮。

在绘图页面上会出现"导入/粘贴文本"对话框，如图6-68所示，转换过程正在进行，如果单击"取消"按钮，可以取消文本的导入。选择需要的导入方式，单击"确定"按钮。

图6-67

图6-68

转换过程完成后，在绘图页面中会出现一个标题光标，如图6-69所示，按住鼠标左键并拖曳光标绘制出文本框，效果如图6-70所示；松开鼠标左键，导入的文本出现在文本框中，效果如图6-71所示。如果文本框的大小不合适，可以用光标拖曳文本框边框的控制点调整文本框的大小，效果如图6-72所示。

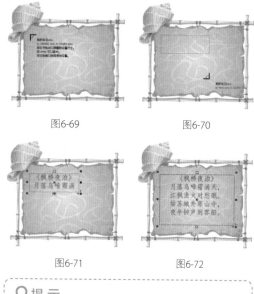

图6-69 　　　　　图6-70

图6-71 　　　　　图6-72

> 🔍 提示
>
> 当导入的文本文字太多时，绘制的文本框将不能容纳这些文字，这时CorelDRAW X7会自动增加新页面，并建立相同的文本框，将其余容纳不下的文字导入进去，直到全部导入完成为止。

6.1.6　字体设置

通过"文本"属性栏可以对美术字文本和段落文本的字体、字号的大小、字体样式和段落等属性进行简单的设置，效果如图6-73所示。

选中文本，如图6-74所示。选择"文本 > 文本属性"命令，或单击"文本"属性栏中的"文本属性"按钮 🔲，或按Ctrl+T组合键，弹出"文本属性"面板，如图6-75所示。

图6-73

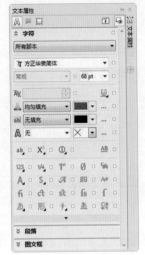

图6-74　　　　　图6-75

在"文本属性"面板中，可以设置文本的字体、字号大小等属性，在"字距调整范围"选项中，可以设置字距。在"填充类型"设置区中，可以设置文本的填充颜色及轮廓宽度。在"字符偏移"设置区中可以设置位移和倾斜角度。

6.1.7　字体属性

字体属性的修改方法很简单，下面介绍使用"形状"工具修改字体的属性的方法和技巧。

用美术字模式在绘图页面中输入文本，效果如图6-76所示。选择"形状"工具，在每个文字的左下角将出现一个空心节点，效果如图6-77所示。

图6-76　　　　　图6-77

使用"形状"工具，单击第二个字的空心节点，使空心节点变为黑色，如图6-78所示。在属性栏中选择新的字体，第二个字的字体属性被改

变，效果如图6-79所示。使用相同的方法，将第三个字的字体属性改变，效果如图6-80所示。

图6-78　　　图6-79　　　图6-80

6.1.8　复制文本属性

使用复制文本属性的功能，可以快速地将不同的文本属性设置成相同的文本属性。下面介绍具体的复制方法。

在绘图页面中输入两个不同文本属性的词语，如图6-81所示。选中文本"Best"，如图6-82所示。用鼠标的右键拖曳"Best"文本到"Design"文本上，鼠标的光标变为图标，如图6-83所示。

图6-81　　　图6-82　　　图6-83

单击鼠标右键，弹出快捷菜单，选择"复制所有属性"命令，如图6-84所示，将"Best"文本的属性复制给"Design"文本，效果如图6-85所示。

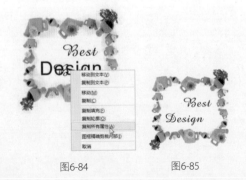

图6-84　　　　　图6-85

命令介绍

间距：用于设置美术字文本和段落文本中字符与字符、行与行之间的距离。

制表位：将文本定位于文本框中指定的水平位置。

6.1.9 课堂案例——制作台历

【**案例学习目标**】学习使用文本工具、对象属性泊坞窗和制表位命令制作台历。

【**案例知识要点**】使用矩形工具和复制命令制作挂环，使用文本工具和制表位命令制作台历日期，使用文本工具和对象属性命令制作年份，使用形状工具调整文本的行距，使用两点线工具绘制虚线，效果如图6-86所示。

【**效果所在位置**】Ch06/效果/制作台历.cdr。

图6-86

（1）按Ctrl+N组合键，新建一个A4页面。单击属性栏中的"横向"按钮 ，页面显示为横向页面。选择"矩形"工具 ，在页面中绘制一个矩形，如图6-87所示。

（2）按F11键，弹出"编辑填充"对话框，选择"渐变填充"按钮 ，将"起点"颜色的CMYK值设置为：0、0、0、10，"终点"颜色的CMYK值设置为：0、0、0、40，其他选项的设置如图6-88所示。单击"确定"按钮，填充图形，并去除图形的轮廓线，效果如图6-89所示。选择"矩形"工具 ，在适当的位置绘制矩形，设置图形颜色的CMYK值为0、0、0、50，填充图形，并去除图形的轮廓线，效果如图6-90所示。

图6-87

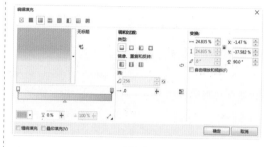

图6-88

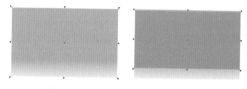

图6-89　　　　　　　图6-90

（3）再绘制一个矩形，如图6-91所示。按Ctrl+I组合键，弹出"导入"对话框，选择本书学习资源中的"Ch06 > 素材 > 制作台历 > 01"文件，单击"导入"按钮，在页面中单击导入图片，选择"选择"工具 ，拖曳图片到合适的位置并调整其大小，效果如图6-92所示。

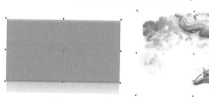

图6-91　　　　　　　图6-92

（4）按Ctrl+PageDown组合键，后移图片，效果如图6-93所示。选择"选择"工具 ，选取图片，选择"效果 > 图框精确剪裁 > 置入图文框内部"命令，鼠标光标变为黑色箭头形状，在矩形上单击鼠标，将图片置入矩形，并去除矩形的轮廓线，效果如图6-94所示。

图6-93

图6-94

（5）选择"矩形"工具 □，在适当的位置绘制矩形，填充图形为黑色，并去除图形的轮廓线，效果如图6-95所示。再绘制一个矩形，设置图形颜色的CMYK值为0、0、0、30，填充图形，并去除图形的轮廓线，效果如图6-96所示。

（6）选择"选择"工具 ▶，选取矩形，将其拖曳到适当的位置并单击鼠标右键，复制图形，效果如图6-97所示。用圈选的方法将需要的图形同时选取，按Ctrl+G组合键，群组图形，效果如图6-98所示。将群组图形拖曳到适当的位置并单击鼠标右键，复制图形，效果如图6-99所示。连续按Ctrl+D组合键，复制多个图形，效果如图6-100所示。

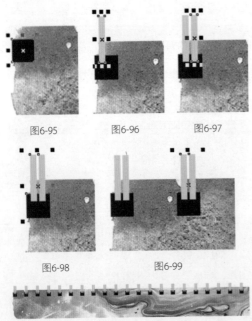
图6-95　　　　图6-96　　　　图6-97

图6-98　　　　图6-99

图6-100

（7）选择"文本"工具 字，在页面空白处按住鼠标左键不放，拖曳出一个文本框，如图6-101

所示。选择"文本 > 制表位"命令，弹出"制表位设置"对话框，如图6-102所示。

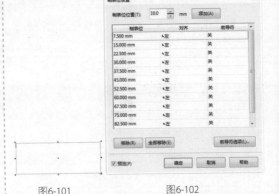
图6-101　　　　　　　图6-102

（8）单击对话框左下角的"全部移除"按钮，清空所有的制表位位置点，如图6-103所示。在对话框中的"制表位位置"选项中输入数值15，连续按8次对话框上面的"添加"按钮，添加8个位置点，如图6-104所示。

图6-103

图6-104

（9）单击"对齐"下的按钮▼，选择"中"对齐，如图6-105所示。将8个位置点全部选择"中"对齐，如图6-106所示，单击"确定"按钮。

图6-105

图6-106

（10）将光标置于段落文本框中，按Tab键，输入文字"日"，效果如图6-107所示。按Tab键，光标跳到下一个制表位处，输入文字"一"，如图6-108所示。

图6-107　　　　　　　　图6-108

（11）依次输入其他需要的文字，如图6-109所示。按Enter键，将光标换到下一行，按5下Tab键，输入需要的文字，如图6-110所示。用相同的方法依次输入需要的文字，效果如图6-111所示。选取文本框，在属性栏中选择合适的字体并设置文字大小，效果如图6-112所示。

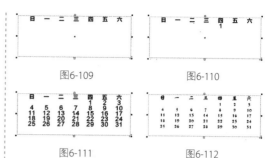

图6-109　　　　　　　　图6-110

图6-111　　　　　　　　图6-112

（12）选择"形状"工具，向下拖曳文字下方的⇟图标，调整文字的行距，如图6-113所示，松开鼠标，效果如图6-114所示。

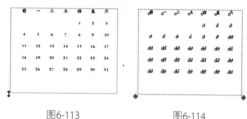

图6-113　　　　　　　　图6-114

（13）选择"文本"工具，分别选取需要的文字，在"CMYK调色板"中的"红"色块上单击鼠标左键，填充文字，效果如图6-115所示。选择"选择"工具，向上拖曳文本框下方中间的控制手柄到适当的位置，效果如图6-116所示。

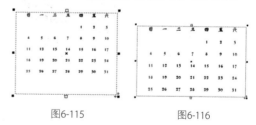

图6-115　　　　　　　　图6-116

（14）选择"选择"工具，将其拖曳到适当的位置，效果如图6-117所示。选择"文本"工具，在页面中分别输入需要的文字，选择"选择"工具，在属性栏中分别选取适当的字体并设置文字大小，效果如图6-118所示。

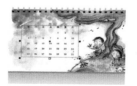

图6-117　　　　　　　　图6-118

（15）选择"选择"工具，选取需要的文字。按Alt+Enter组合键，弹出"对象属性"泊坞窗，单击"段落"按钮，弹出相应的泊坞窗，选项的设置如图6-119所示，按Enter键，文字效果如图6-120所示。设置填充颜色的CMYK值为0、100、100、20，填充文字，效果如图6-121所示。

图6-119　　　　图6-120　　　图6-121

（16）选择"选择"工具，选取需要的文字。在"对象属性"泊坞窗中选项的设置如图6-122所示，按Enter键，文字效果如图6-123所示。用相同的方法调整其他文字，效果如图6-124所示。

图6-122　　　　图6-123　　　图6-124

（17）选择"文本"工具，在页面中输入需要的文字，选择"选择"工具，在属性栏中选取适当的字体并设置文字大小，效果如图6-125所示。选择"两点线"工具，按住Shift键的同时，绘制直线，效果如图6-126所示。在属性栏的"轮廓样式"框中选择需要的样式，如图6-127所示，效果如图6-128所示。

图6-125　　　　　　图6-126

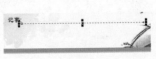

图6-127　　　　　　图6-128

（18）选择"选择"工具，将虚线拖曳到适当的位置并单击鼠标右键，复制虚线，效果如图6-129所示。向左拖曳左侧中间的控制手柄，调整虚线长度，效果如图6-130所示。

图6-129　　　　　　图6-130

（19）选择"选择"工具，将虚线拖曳到适当的位置并单击鼠标右键，复制虚线，效果如图6-131所示。台历制作完成，效果如图6-132所示。

图6-131　　　　　　图6-132

6.1.10　设置间距

输入美术字文本或段落文本，效果如图6-133所示。使用"形状"工具选中文本，文本的节点将处于编辑状态，如图6-134所示。用鼠标拖曳图标，可以调整文本中字符和字符的间距；拖曳图标，可以调整文本中行的间距，如图6-135所示。使用键盘上的方向键，可以对文本进行微调。

图6-133　　　　图6-134　　　　图6-135

按住Shift键，将段落中第二行文字左下角的节点全部选中，如图6-136所示。将鼠标放在黑色的节点上并拖曳鼠标，如图6-137所示，可以将第二行文字移动到需要的位置，效果如图6-138所示。使用相同的方法可以对单个字进行移动调整。

图6-136　　　图6-137　　　图6-138

6.1.11　设置文本嵌线和上下标

1. 设置文本嵌线

选中需要处理的文本，如图6-139所示。单击"文本"属性栏中的"文本属性"按钮⚟，弹出"文本属性"面板，如图6-140所示。

图6-139　　　　　　图6-140

单击"下划线"按钮⬚，在弹出的下拉列表中选择线型，如图6-141所示，文本下划线的效果如图6-142所示。

图6-141　　　　　　图6-142

选中需要处理的文本，如图6-143所示。在"文本属性"面板中单击▼按钮，弹出更多选项，在"字符删除线"➡️ [无] ▼选项的下拉列表中选择线型，如图6-144所示，文本删除线的效果如图6-145所示。

图6-143　　　　　　图6-144

图6-145

选中需要处理的文本，如图6-146所示。在"字符上划线" [无] ▼选项的下拉列表中选择线型，如图6-147所示，文本上划线的效果如图6-148所示。

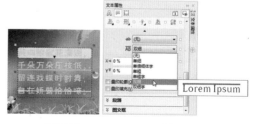

图6-146　　　　　　图6-147

图6-148

2. 设置文本上下标

选中需要制作上标的文本，如图6-149所示。单击"文本"属性栏中的"文本属性"按钮 ，弹出"文本属性"面板，如图6-150所示。

单击"位置"按钮 ，在弹出的下拉列表中选择"上标"选项，如图6-151所示。设置上标的效果如图6-152所示。

图6-149　　　　　　　图6-150

图6-151　　　　　图6-152

选中需要制作下标的文本，如图6-153所示。单击"位置"按钮 ，在弹出的下拉列表中选择"下标"选项，如图6-154所示。设置下标的效果如图6-155所示。

图6-153　　　　　图6-154　　　　　图6-155

3. 设置文本的排列方向

选中文本，如图6-156所示。在"文本"属性栏中，单击"将文本更改为水平方向"按钮 或"将文本更改为垂直方向"按钮 ，可以水平或垂直排列文本，垂直排列的文本效果如图6-157所示。

选择"文本 > 文本属性"命令，弹出"文本属性"面板，单击"图文框"选项中选择文本的排列方向，如图6-158所示。该设置可以改变文本的排列方向。

图6-156　　　图6-157　　　　图6-158

6.1.12　设置制表位和制表符

1. 设置制表位

选择"文本"工具 ，在绘图页面中绘制一个段落文本框，在上方的标尺上出现多个制表位，如图6-159所示。选择"文本 > 制表位"命令，弹出"制表位设置"对话框，在对话框中可以进行制表位的设置，如图6-160所示。

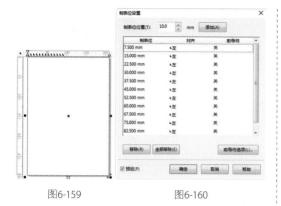

图6-159　　　　　图6-160

在数值框中输入数值或调整数值，可以设置制表位的距离，如图6-161所示。

在"制表位设置"对话框中，单击"对齐"选项，出现制表位对齐方式下拉列表，可以设置字符出现在制表位上的位置，如图6-162所示。

图6-161

图6-162

在"制表位设置"对话框中，选中一个制表位，单击"移除"或"全部移除"按钮，可以删除制表位，单击"添加"按钮，可以增加制表位。设置好制表位后，单击"确定"按钮，可以完成制表位的设置。

> 🔍 **提示**
>
> 在段落文本框中插入光标，在键盘上按Tab键，每按一次Tab键，插入的光标就会按新设置的制表位移动。

2. 设置制表符

选择"文本"工具 字，在绘图页面中绘制一个段落文本框，效果如图6-163所示。

在上方的标尺上出现多个"L"形滑块，就是制表符，效果如图6-164所示。在任意一个制表符上单击鼠标右键，弹出快捷菜单，在快捷菜单中可以选择该制表符的对齐方式，如图6-165所示，也可以对网格、标尺和辅助线进行设置。

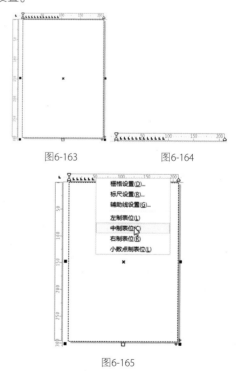

图6-163 　　　　　图6-164

图6-165

在上方的标尺上拖曳"L"形滑块，可以将制表符移动到需要的位置，效果如图6-166所示。在标尺上的任意位置单击鼠标左键，可以添加一个制表符，效果如图6-167所示。将制表符拖放到标尺外，就可以删除该制表符。

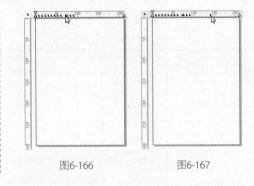

图6-166　　　　　图6-167

6.2　文本效果

在CorelDRAW X7中，可以根据设计制作任务的需要，制作多种文本效果。下面具体讲解文本效果的制作。

命令介绍

首字下沉： 将段落中的第一个字符下沉。

文本绕图： 文本绕对象的边界排列。

插入符号字符： 提供了多种特殊字符，并可以根据需要将字符作为图形添加到设计作品中。

6.2.1　课堂案例——制作美食内页

【案例学习目标】 学习使用文本工具、文本属性泊坞窗、内置文本命令和文本绕图命令制作美食内页。

【案例知识要点】 使用文本工具和文本属性泊坞窗编辑文字，使用栏命令制作分栏效果，使用文本绕图命令制作图片绕文本效果，使用椭圆形工具和内置文本命令制作文本绕图，效果如图6-168所示。

【效果所在位置】 Ch06/效果/制作美食内页.cdr。

（1）按Ctrl+N组合键，新建一个页面，在属性栏的"页面度量"选项中分别设置宽度为210mm，高度为285mm，按Enter键确定操作，页面尺寸显示为设置的大小。

图6-168

（2）选择"矩形"工具□，在页面左上角绘制矩形，填充为黑色，并去除图形的轮廓线，效果如图6-169所示。选择"文本"工具█，在页面中输入需要的文字并分别选取文字，在属性栏中分别选取适当的字体并设置文字大小，效果如图6-170所示。选取左侧的文字，设置填充颜色的CMYK值为0、100、100、15，填充文字，效果如图6-171所示。

图6-169

图6-170

图6-171

（3）选择"选择"工具，选取需要的文字。单击属性栏中的"文本属性"按钮，弹出"文本属性"泊坞窗，单击"段落"按钮，弹出相应的泊坞窗，选项的设置如图6-172所示，按Enter键，文字效果如图6-173所示。

图6-172

图6-173

（4）按Ctrl+I组合键，弹出"导入"对话框，选择本书学习资源中的"Ch06 > 素材 > 制作美食内页 > 01"文件，单击"导入"按钮，在页面中单击导入图片，选择"选择"工具，拖曳图片到合适的位置并调整其大小，效果如图6-174所示。选择"文本"工具，在页面中分别输入需要的文字，选择"选择"工具，在属性栏中分别选取适当的字体并设置文字大小，效果如图6-175所示。

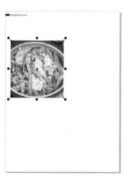

图6-174

图6-175

（5）选择"文本"工具，在页面中分别输入需要的文字，选择"选择"工具，在属性栏中分别选取适当的字体并设置文字大小，效果如图6-176所示。用圈选的方法将需要的文字同时选取，设置填充颜色的CMYK值为0、100、100、15，填充文字，效果如图6-177所示。

图6-176

图6-177

（6）选取需要的文字，在"文本属性"泊坞窗中选项的设置如图6-178所示，按Enter键，文字效果如图6-179所示。

图6-178

图6-179

（7）按Ctrl+I组合键，弹出"导入"对话框，选择本书学习资源中的"Ch06 > 素材 > 制作美食内页 > 02"文件，单击"导入"按钮，在页面中单击导入图片，选择"选择"工具 ，拖曳图片到合适的位置并调整其大小，效果如图6-180所示。

（8）双击打开本书学习资源中的"Ch06 > 素材 > 制作美食内页 > 03"文件，按Ctrl+A组合键，全选文本；按Ctrl+C组合键，复制文本。选择"文本"工具 ，在页面中拖曳文本框，按Ctrl+V组合键，粘贴文本。选择"选择"工具 ，在属性栏中选取适当的字体并设置文字大小，效果如图6-181所示。

图6-180

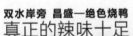

图6-181

（9）保持文字的选取状态，在"文本属性"泊坞窗中选项的设置如图6-182所示，按Enter键，文字效果如图6-183所示。选择"两点线"工具 ，按住Shift键的同时，绘制直线，如图6-184所示。在属性栏的"轮廓样式" 框中选择需要的样式，如图6-185所示，效果如图6-186所示。

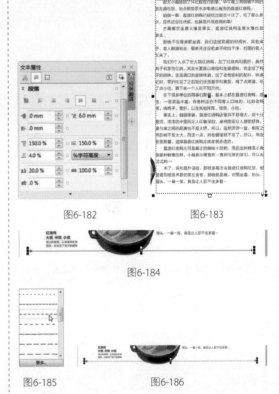

图6-182　　　　　　　图6-183

图6-184

图6-185　　　　　　　图6-186

（10）按Ctrl+PageDown组合键，后移虚线，效果如图6-187所示。选择"文本"工具 ，在页面中输入需要的文字，选择"选择"工具 ，在属性栏中选取适当的字体并设置文字大小，效果如图6-188所示。选取需要的文字，设置填充颜色的CMYK值为0、100、100、15，填充文字，效果如图6-189所示。

图6-187

图6-188

图6-189

（11）双击打开本书学习资源中的"Ch06 > 素材 > 制作美食内页 > 04"文件，按Ctrl+A组合键，全选文本，按Ctrl+C组合键，复制文本。选择"文本"工具 ，在页面中拖曳文本框，按Ctrl+V组合键，粘贴文本。选择"选择"工具 ，在属性栏中选取适当的字体并设置文字大小，效果如图6-190所示。

图6-190

（12）保持文字的选取状态，在"文本属性"泊坞窗中选项的设置如图6-191所示，按Enter键，文字效果如图6-192所示。

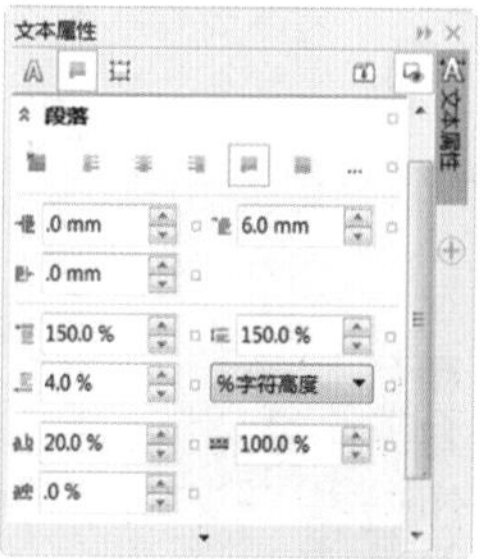

图6-191

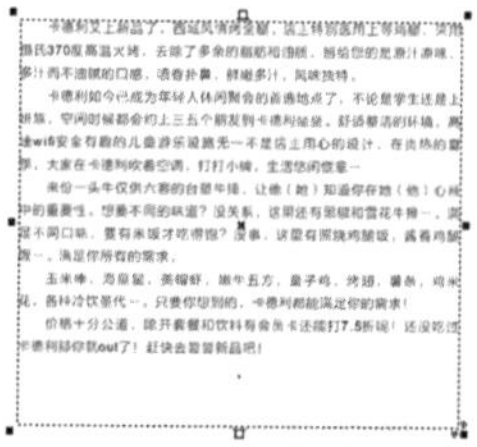

图6-192

（13）选择"文本 > 栏"命令，在弹出的对话框中进行设置，如图6-193所示，单击"确定"按钮，效果如图6-194所示。

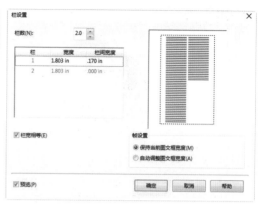

图6-193

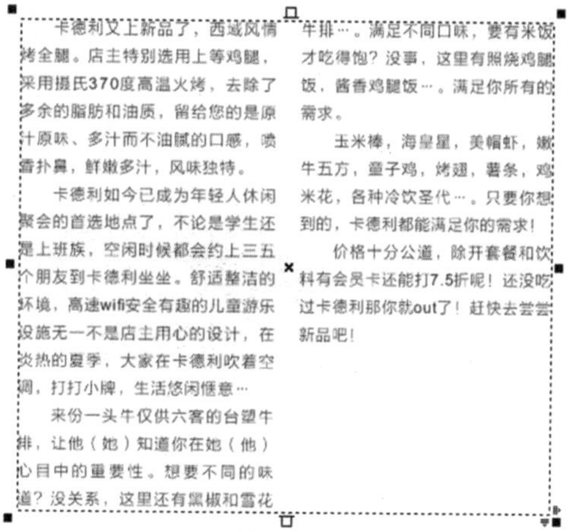

图6-194

（14）按Ctrl+I组合键，弹出"导入"对话框，选择本书学习资源中的"Ch06 > 素材 > 制作美食内页 > 05"文件，单击"导入"按钮，在页面中单击导入图片，选择"选择"工具 ，拖曳图片到合适的位置并调整其大小，效果如图6-195所示。选择"贝塞尔"工具 ，绘制一个图形，如图6-196所示。

图6-195

台塑牛排 只款待心中最重要的人

图6-196

（15）保持图形的选取状态，在属性栏中单击"文本换行"按钮，在弹出的下拉菜单中选择需要的绕图方式，如图6-197所示，效果如图6-198所示。去除图形的轮廓线，效果如图6-199所示。

图6-197　　　　图6-198

图6-199

（16）选择"椭圆形"工具，按住Ctrl键的同时，在适当的位置绘制圆形，如图6-200所示。设置图形颜色的CMYK值为0、20、100、0，填充图形，效果如图6-201所示。按F12键，弹出"轮廓笔"对话框，将"颜色"选项的CMYK值设为0、0、100、0，其他选项的设置如图6-202所示，单击"确定"按钮，效果如图6-203所示。

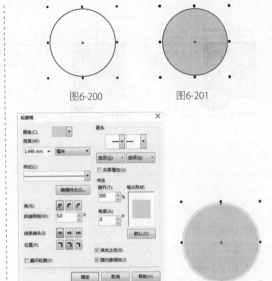

图6-200　　　　图6-201

图6-202　　　　图6-203

（17）选择"文本"工具，在页面中拖曳文本框并输入需要的文字，如图6-204所示。分别选取需要的文字，在属性栏中分别选取适当的字体并设置文字大小，效果如图6-205所示。

图6-204　　　　图6-205

（18）选择"选择"工具，选取文本，单击鼠标右键并将其拖曳到圆形上，如图6-206所示，松开鼠标右键，弹出快捷菜单，选择"内置文本"命令，如图6-207所示，文本被置入图形内，效果如图6-208所示。选择"文本 > 段落文本框 > 使文本适合框架"命令，使文本适合文本框，如图6-209所示。

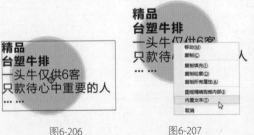

图6-206　　　　图6-207

图6-208　　　　　　　图6-209

（19）保持文字的选取状态，在"文本属性"泊坞窗中，单击"居中"按钮，如图6-210所示，按Enter键，文字效果如图6-211所示。

图6-210　　　　　　　图6-211

（20）选择"文本"工具，分别选取需要的文字，在属性栏中分别设置文字大小，效果如图6-212所示。美食内页制作完成，效果如图6-213所示。

图6-212　　　　　　　图6-213

6.2.2　设置首字下沉和项目符号

1. 设置首字下沉

在绘图页面中打开一个段落文本，效果如图

6-214所示。选择"文本 > 首字下沉"命令，弹出"首字下沉"对话框，勾选"使用首字下沉"复选框，其他选项设置如图6-215所示。

图6-214

图6-215

单击"确定"按钮，各段落首字下沉效果如图6-216所示。勾选"首字下沉使用悬挂式缩进"复选框，单击"确定"按钮，悬挂式缩进首字下沉效果如图6-217所示。

图6-216

图6-217

2. 设置项目符号

在绘图页面中打开一个段落文本，效果如图6-218所示。选择"文本 > 项目符号"命令，弹出"项目符号"对话框，勾选"使用项目符号"复选框，对话框如图6-219所示。

图6-218

图6-220

在对话框"外观"设置区的"字体"选项中可以设置字体的类型；在"符号"选项中可以选择项目符号样式；在"大小"选项中可以设置字体符号的大小；在"基线位移"选项中可以选择基线的距离。在"间距"设置区中可以调节文本和项目符号的缩进距离。

设置需要的选项，如图6-220所示。单击"确定"按钮，段落文本中添加了新的项目符号，效果如图6-221所示。

在段落文本中需要另起一段的位置插入光标，如图6-222所示。按Enter键，项目符号会自动添加在新段落的前面，效果如图6-223所示。

图6-219

图6-221

图6-222

图6-223

6.2.3 文本绕路径

选择"文本"工具，在绘图页面中输入美术字文本，使用"椭圆形"工具绘制一个椭圆路径，选中美术字文本，效果如图6-224所示。

选择"文本 > 使文本适合路径"命令，出现箭头图标，将箭头放在椭圆路径上，文本自动绕路径排列，如图6-225所示，单击鼠标左键确定，效果如图6-226所示。

图6-224　　　图6-225　　　图6-226

选中绕路径排列的文本，属性栏状态显示如图6-227所示。

图6-227

在属性栏中可以设置"文字方向""与路径的距离""水平偏移"。通过设置可以产生多种文本绕路径的效果，如图6-228所示。

图6-228

6.2.4　对齐文本

选择"文本"工具，在绘图页面中输入段落文本，单击"文本"属性栏中的"文本对齐"按钮，弹出其下拉列表，共有6种对齐方式，如图6-229所示。

选择"文本 > 文本属性"命令，弹出"文本属性"面板，单击"段落"按钮，切换到"段落"属性面板，单击"调整间距设置"按钮，弹出"间距设置"对话框，在对话框中可以选择文本的对齐方式，如图6-230所示。

图6-229　　　　　　图6-230

无：CorelDRAW X7默认的对齐方式。选择它将不对文本产生影响，文本可以自由地变换，但单纯地使用无对齐方式时，文本的边界会参差不齐。

左：选择左对齐后，段落文本会以文本框的左边界对齐。

居中：选择居中对齐后，段落文本的每一行都会在文本框中居中。

右：选择右对齐后，段落文本会以文本框的右边界对齐。

全部调整：选择全部调整后，段落文本的每一行都会同时对齐文本框的左右两端。

强制调整：选择强制调整后，可以对段落文本的所有格式进行调整。

选中进行过移动调整的文本，如图6-231所示。选择"文本 > 对齐基线"命令，可以将文本重新对齐，效果如图6-232所示。

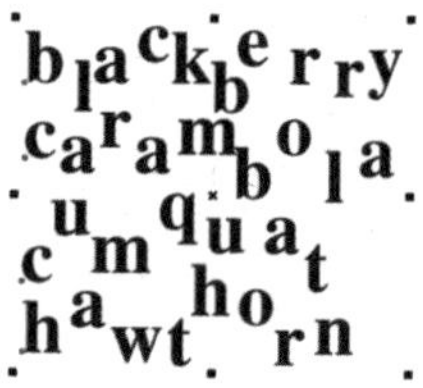

$$black_berry\quad blackberry$$
$$caram_bola\quad carambola$$
$$cumquat\quad cumquat$$
$$hawthorn\quad hawthorn$$

图6-231 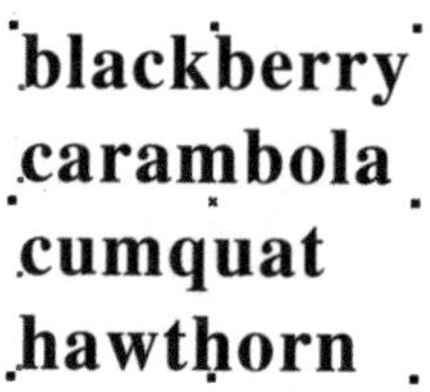　　　　　　图6-232

6.2.5　内置文本

选择"文本"工具，在绘图页面中输入美术字文本，使用"贝塞尔"工具绘制一个图形，选中美术字文本，效果如图6-233所示。

　　用鼠标右键拖曳文本到图形内，当光标变为十字形的圆环⊕时，松开鼠标右键，弹出快捷菜单，选择"内置文本"命令，如图6-234所示，文本被置入图形内，美术字文本自动转换为段落文本，效果如图6-235所示。选择"文本 > 段落文本框 > 使文本适合框架"命令，文本和图形对象基本适配，效果如图6-236所示。

图6-233

图6-234

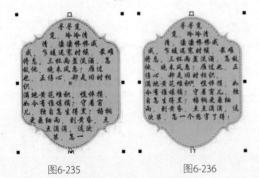

图6-235　　　　　　　　图6-236

6.2.6　段落文字的连接

　　在文本框中经常出现文本被遮住而不能完全显示的问题，如图6-237所示。通过调整文本框的大小来使文本完全显示，通过多个文本框的连接来使文本完全显示。

　　选择"文本"工具 ，单击文本框下部的 图标，鼠标指针变为 形状，在页面中按住鼠标左键不放，沿对角线拖曳鼠标，绘制一个新的文本框，如图6-238所示。松开鼠标左键，在新绘制的文本框中显示出被遮住的文字，效果如图6-239所示。拖曳文本框到适当的位置，如图6-240所示。

图6-237　　　　　　　　图6-238

图6-239　　　　　　　　图6-240

6.2.7　段落分栏

　　选择一个段落文本，如图6-241所示。选择"文本 > 栏"命令，弹出"栏设置"对话框，将"栏数"选项设置为"2"，栏间宽度设置为"8mm"，如图6-242所示。设置好后，单击"确定"按钮，段落文本被分为两栏，效果如图6-243所示。

图6-241

图6-242

图6-243

6.2.8 文本绕图

CorelDRAW X7提供了多种文本绕图的形式，应用好文本绕图可以使设计制作的杂志或报刊更加生动、美观。

选择"文件 > 导入"命令，或按Ctrl+I组合键，弹出"导入"对话框，在对话框的"查找范围"列表框中选择需要的文件夹，在文件夹中选取需要的位图文件，单击"导入"按钮，在页面中单击鼠标左键，图形被导入页面，将其调整到段落文本中的适当位置，效果如图6-244所示。

在属性栏中单击"文本换行"按钮，在弹出的下拉菜单中选择需要的绕图方式，如图6-245所示，文本绕图效果如图6-246所示。在属性栏中单击"文本换行"按钮，在弹出的下拉菜单中可以设置换行样式，在"文本换行偏移"选项的

数值框中可以设置偏移距离，如图6-247所示。

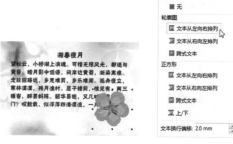

图6-244　　　　图6-245

图6-246　　　　图6-247

6.2.9 插入字符

选择"文本"工具，在文本中需要的位置单击鼠标左键插入光标，如图6-248所示。选择"文本 > 插入字符"命令，或按Ctrl+F11组合键，弹出"插入字符"泊坞窗，在需要的字符上双击鼠标左键，或选中字符后单击"复制"按钮，然后在页面中粘贴即可，如图6-249所示。字符插入文本中，效果如图6-250所示。

图6-248　　　　图6-249　　　　图6-250

6.2.10 将文字转化为曲线

使用CorelDRAW X7编辑好美术文本后，通常需要把文本转换为曲线。转换后既可以对美术文本任意变形，又可以使转曲后的文本对象不会丢失其文本格式。具体操作步骤如下。

选择"选择"工具👆选中文本，如图6-251所示。选择"对象 > 转换为曲线"命令，或按Ctrl+Q组合键，将文本转化为曲线，效果如图6-252所示。可用"形状"工具👆，对曲线文本进行编辑，并修改文本的形状。

图6-251　　　　图6-252

6.2.11 创建文字

应用CorelDRAW X7的独特功能，可以轻松地创建出计算机字库中没有的汉字，方法其实很简单，下面介绍具体的创建方法。

使用"文本"工具🅰输入两个具有创建文字所需偏旁的汉字，如图6-253所示。用"选择"工具👆选取文字，效果如图6-254所示。按Ctrl+Q组合键，将文字转换为曲线，效果如图6-255所示。

机沉 机沉 机沉

图6-253 　　　　图6-254 　　　　图6-255

再按Ctrl+K组合键，将转换为曲线的文字打散，选择"选择"工具👆，选取所需偏旁，将其移动到创建文字的位置，进行组合，效果如图6-256所示。

组合好新文字后，用"选择"工具👆圈选新文字，效果如图6-257所示，再按Ctrl+G组合键，将新文字组合，效果如图6-258所示。新文字就制作完成了，效果如图6-259所示。

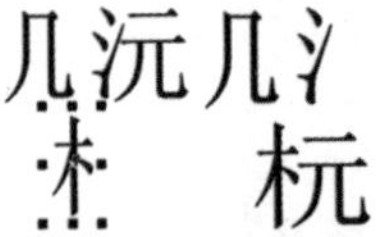

几沉 几氵
木　杭　杭 杭 杭

图6-256 　　图6-257 　　图6-258 　　图6-259

📝 **课堂练习——制作冰淇淋宣传内页**

【练习知识要点】使用选择工具和属性栏添加辅助线，使用文字工具和段落格式化面板添加并调整杂志内文，使用栏命令制作分栏效果，效果如图6-260所示。

【素材所在位置】Ch06/素材/制作冰淇淋宣传内页/01~06。

【效果所在位置】Ch06/效果/制作冰淇淋宣传内页.cdr。

图6-260

课后习题——制作蜂蜜广告

【**习题知识要点**】使用文本工具输入标题文字，使用字符命令添加字符，使用转换为曲线命令将文字转换为图形，使用贝塞尔工具绘制图形，使用手绘工具绘制直线，效果如图6-261所示。

【**素材所在位置**】Ch06/素材/制作蜂蜜广告/01、02。

【**效果所在位置**】Ch06/效果/制作蜂蜜广告.cdr。

图6-261

第 7 章

编辑位图

本章介绍

CorelDRAW X7提供了强大的位图编辑功能。本章将介绍导入和转换位图、位图滤镜的使用等知识。通过学习本章的内容，读者可以了解并掌握如何应用CorelDRAW X7的强大功能来处理和编辑位图。

学习目标

◆ 掌握位图的导入和转换方法。
◆ 运用特效滤镜编辑和处理位图。

技能目标

◆ 掌握"商场广告"的绘制方法 。

7.1 导入并转换位图

CorelDRAW X7提供了导入位图和将矢量图形转换为位图的功能，下面介绍导入并转换为位图的具体操作方法。

7.1.1 导入位图

选择"文件>导入"命令，或按Ctrl+I组合键，弹出"导入"对话框，在对话框中的"查找范围"列表框中选择需要的文件夹，在文件夹中选中需要的位图文件，如图7-1所示。

图7-1

选中需要的位图文件后，单击"导入"按钮，鼠标的光标变为 状，如图7-2所示。在绘图页面中单击鼠标左键，位图被导入绘图页面，如图7-3所示。

图7-2

图7-3

7.1.2 转换为位图

CorelDRAW X7提供了将矢量图形转换为位图的功能。下面介绍具体的操作方法。

打开一个矢量图形并保持其选取状态，选择"位图>转换为位图"命令，弹出"转换为位图"对话框，如图7-4所示。

图7-4

分辨率：在弹出的下拉列表中选择要转换为位图的分辨率。

颜色模式：在弹出的下拉列表中选择要转换的色彩模式。

光滑处理：可以在转换成位图后消除位图的锯齿。

透明背景：可以在转换成位图后保留原对象的通透性。

CorelDRAWX7提供了多种滤镜，可以对位图进行各种效果的处理。灵活使用位图的滤镜，可以为设计的作品增色不少。下面具体介绍滤镜的使用方法。

命令介绍

透视：可以制作位图的透视效果。

高斯式模糊：可以制作位图的高斯式模糊效果。

7.2.1 课堂案例——制作商场广告

【案例学习目标】学习使用编辑位图命令和文字工具制作商场广告。

【案例知识要点】使用导入命令、旋涡命令、天气命令和高斯式模糊命令添加和编辑背景图片。使用矩形工具和图框精确剪裁命令制作背景效果。使用文本工具和字符面板制作宣传文字，效果如图7-5所示。

【效果所在位置】Ch07/效果/制作商场广告.cdr。

图7-5

（1）按Ctrl+N组合键，新建一个A4页面。按Ctrl+I组合键，弹出"导入"对话框，选择本书学习资源中的"Ch07>素材>制作商场广告>01"文件，单击"导入"按钮，在页面中单击导入图片，调整其大小，效果如图7-6所示。

（2）选择"位图>扭曲>旋涡"命令，在弹出的对话框中进行设置，如图7-7所示，单击"确定"按钮，效果如图7-8所示。

图7-6

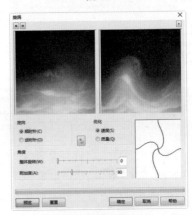

图7-7

图7-8

（3）选择"位图>创造性>天气"命令，在弹出的对话框中进行设置，如图7-9所示，单击"确定"按钮，效果如图7-10所示。

（4）按Ctrl+I组合键，弹出"导入"对话框，选择本书学习资源中的"Ch07>素材>制作商场广告>02"文件，单击"导入"按钮，在页面中单击导入图片，效果如图7-11所示。

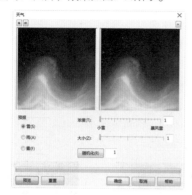

图7-9

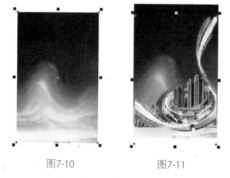

图7-10   图7-11

（5）选择"位图>模糊>高斯模糊"命令，在弹出的对话框中进行设置，如图7-12所示，单击"确定"按钮，效果如图7-13所示。

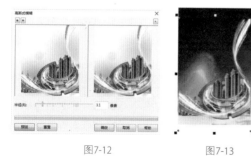

图7-12   图7-13

（6）双击"矩形"工具□，绘制一个与页面大小相等的矩形，如图7-14所示。按Shift+PageUp组合键，将矩形置于图层的前面，效果如图7-15所示。

图7-14 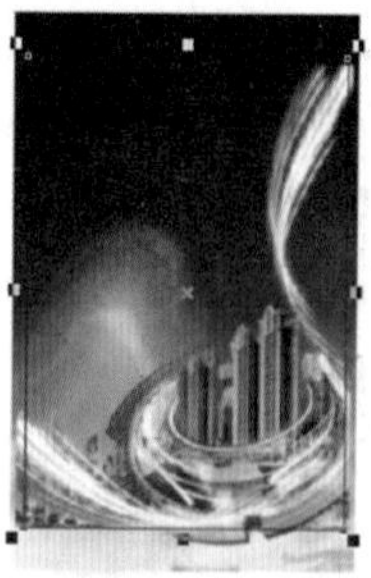   图7-15

（7）选择"选择"工具▫，按住Shift键的同时，选取两个图片，如图7-16所示。选择"对象>图框精确剪裁>置于图文框内部"命令，鼠标光标变为黑色箭头形状，在矩形上单击，如图7-17所示，图片置入矩形，效果如图7-18所示。

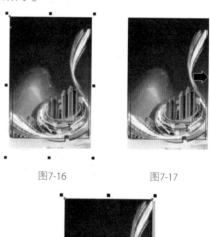

图7-16   图7-17

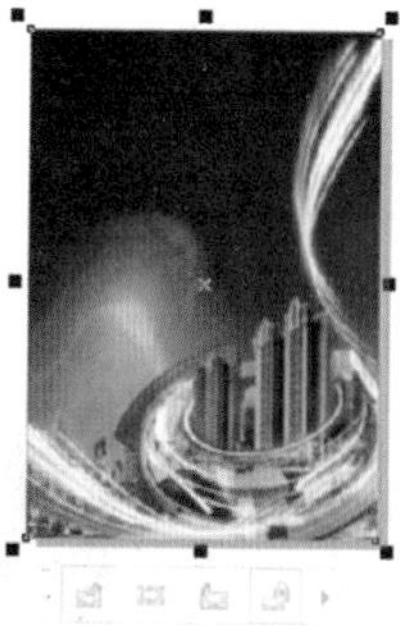

图7-18

（8）选择"文本"工具字，在页面中分别输入需要的文字，选择"选择"工具▫，在属性栏中选取适当的字体并设置文字大小，设置文字颜色的CMYK值为0、0、100、0，填充文字，效果如图7-19所示。按住Shift键的同时，将需要的文字同时选取，设置文字颜色的CMYK值为100、0、0、0，填充文字，效果如图7-20所示。

图7-19

图7-20

（9）选择"选择"工具[图]，选取需要的文字。按Ctrl+T组合键，弹出"文本属性"面板，选项的设置如图7-21所示，文字效果如图7-22所示。选取右侧的文字。在"文本属性"面板中，选项的设置如图7-23所示，并将其拖曳到适当的位置，文字效果如图7-24所示。

图7-21   图7-22

图7-23   图7-24

（10）选择"矩形"工具[图]，在适当的位置绘制矩形，设置图形填充颜色的CMYK值为100、0、0、0，填充图形，并去除图形的轮廓线，如图7-25所示。用相同的方法再次绘制矩形，设置图形填充颜色的CMYK值为0、100、0、0，填充图形

形，并去除图形的轮廓线，如图7-26所示。

图7-25   图7-26

（11）选择"选择"工具[图]，按数字键盘上的+键，复制矩形，并将其拖曳到适当的位置，效果如图7-27所示。选择"矩形"工具[图]，在页面中绘制矩形，设置图形填充颜色的CMYK值为0、0、100、0，填充图形，并去除图形的轮廓线，如图7-28所示。

图7-27   图7-28

（12）选择"选择"工具[图]，按住Shift键的同时选取3个矩形，如图7-29所示。选择"对象>图框精确剪裁>置于图文框内部"命令，鼠标光标变为黑色箭头形状，在前方的黄色矩形上单击，选取的矩形置入前方的矩形，效果如图7-30所示。

图7-29   图7-30

（13）选择"文本"工具[图]，在页面中输入需要的文字，选择"选择"工具[图]，在属性栏中选取适当的字体并设置文字大小，设置文字颜色的CMYK值为0、0、100、0，填充文字，效果如图7-31所示。

（14）选择"矩形"工具[图]，在页面中绘制矩形，设置图形填充颜色的CMYK值为0、100、0、0，填充图形，并去除图形的轮廓线，如图7-32所示。选择"文本"工具[图]，在页面中输入需要的文字，选择"选择"工具[图]，在属性栏中选取适当的字体并设置文字大小，填充文字为白色，效果如图7-33所示。

图7-31　　　图7-32　　　图7-33

（15）保持文字的选取状态。在"文本属性"面板中，选项的设置如图7-34所示，文字效果如图7-35所示。

图7-34　　　　　图7-35

（16）选择"选择"工具 ，按住Shift键的同时，选取矩形和文字，如图7-36所示。单击属性栏中的"移除前面对象"按钮 ，效果如图7-37所示。商场广告制作完成，效果如图7-38所示。

图7-36　　　　　图7-37

图7-38

7.2.2　三维效果

选取导入的位图，选择"位图>三维效果"子菜单下的命令，如图7-39所示。CorelDRAW X7提供了7种不同的三维效果，下面介绍几种常用的三维效果。

图7-39

1.　三维旋转

选择"位图>三维效果>三维旋转"命令，弹出"三维旋转"对话框，单击对话框中的 按钮，显示对照预览窗口，如图7-40所示，左窗口显示的是位图原始效果，右窗口显示的是完成各项设置后的位图效果。

图7-40

对话框中各选项的含义如下。

：用鼠标拖曳立方体图标，可以设定图像的旋转角度。

垂直：可以设置绕垂直轴旋转的角度。

水平：可以设置绕水平轴旋转的角度。

最适合：经过三维旋转后的位图尺寸将接近原来的位图尺寸。

预览：预览设置后的三维旋转效果。

重置：对所有参数重新设置。

：可以在改变设置时自动更新预览效果。

2. 柱面

选择"位图>三维效果>柱面"命令，弹出"柱面"对话框，单击对话框中的 按钮，显示对照预览窗口，如图7-41所示。

图7-41

对话框中各选项的含义如下。

柱面模式：可以选择"水平"或"垂直的"模式。

百分比：可以设置水平或垂直模式的百分比。

3. 卷页

选择"位图>三维效果>卷页"命令，弹出"卷页"对话框，单击对话框中的 按钮，显示对照预览窗口，如图7-42所示。

图7-42

对话框中各选项的含义如下。

 ：4个卷页类型按钮，可以设置位图卷起页角的位置。

定向：选择"垂直的"和"水平"两个单选项，可以设置卷页效果的卷起边缘。

纸张："不透明"和"透明的"两个单选项可以设置卷页部分是否透明。

卷曲：可以设置卷页颜色。

背景：可以设置卷页后面的背景颜色。

宽度：可以设置卷页的宽度。

高度：可以设置卷页的高度。

4. 球面

选择"位图>三维效果>球面"命令，弹出"球面"对话框，单击对话框中的 按钮，显示对照预览窗口，如图7-43所示。

图7-43

对话框中各选项的含义如下。

优化：可以选择"速度"和"质量"选项。

百分比：可以控制位图球面化的程度。

 ：用来在预览窗口中设定变形的中心点。

7.2.3 艺术笔触

选中位图，选择"位图>艺术笔触"子菜单下的命令，如图7-44所示。CorelDRAW X7提供了14种不同的艺术笔触效果。下面介绍常用的几种艺术笔触。

图7-44

1. 炭笔画

选择"位图>艺术笔触>炭笔画"命令，弹出"炭笔画"对话框，单击对话框中的■按钮，显示对照预览窗口，如图7-45所示。

图7-45

对话框中各选项的含义如下。

大小： 可以设置位图炭笔画的像素大小。

边缘： 可以设置位图炭笔画的黑白度。

2. 印象派

选择"位图>艺术笔触>印象派"命令，弹出"印象派"对话框，单击对话框中的■按钮，显示对照预览窗口，如图7-46所示。

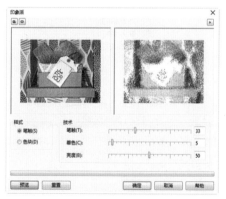

图7-46

对话框中各选项的含义如下。

样式： 选择"笔触"或"色块"选项，会得到不同的印象派位图效果。

笔触： 可以设置印象派效果笔触大小及其强度。

着色： 可以调整印象派效果的颜色，数值越大，颜色越重。

亮度： 可以对印象派效果的亮度进行调节。

3. 调色刀

选择"位图>艺术笔触>调色刀"命令，弹出"调色刀"对话框，单击对话框中的■按钮，显示对照预览窗口，如图7-47所示。

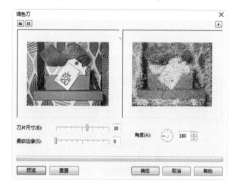

图7-47

对话框中各选项的含义如下。

刀片尺寸： 可以设置笔触的锋利程度，数值越小，笔触越锋利，位图的刻画效果越明显。

柔软边缘： 可以设置笔触的坚硬程度，数值越大，位图的刻画效果越平滑。

角度： 可以设置笔触的角度。

4. 素描

选择"位图>艺术笔触>素描"命令，弹出"素描"对话框，单击对话框中的■按钮，显示对照预览窗口，如图7-48所示。

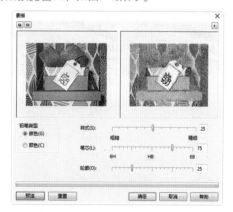

图7-48

对话框中各选项的含义如下。

铅笔类型： 可选择"碳色"或"颜色"类

型，不同的类型可以产生不同的位图素描效果。

样式：可以设置石墨或彩色素描效果的平滑度。

笔芯：可以设置素描效果的精细和粗糙程度。

轮廓：可以设置素描效果的轮廓线宽度。

7.2.4 模糊

选中一张图片，选择"位图>模糊"子菜单下的命令，如图7-49所示。CorelDRAW X7提供了10种不同的模糊效果。下面介绍其中两种常用的模糊效果。

图7-49

1. 高斯式模糊

选择"位图>模糊>高斯式模糊"命令，弹出"高斯式模糊"对话框，单击对话框中的◙按钮，显示对照预览窗口，如图7-50所示。

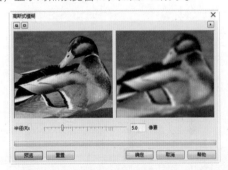

图7-50

对话框中选项的含义如下。

半径：可以设置高斯式模糊的程度。

2. 缩放

选择"位图>模糊>缩放"命令，弹出"缩放"对话框，单击对话框中的◙按钮，显示对照

预览窗口，如图7-51所示。

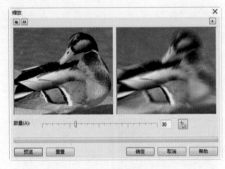

图7-51

对话框中各选项的含义如下。

⬚：在左边的原始图像预览框中单击鼠标左键，可以确定移动模糊的中心位置。

数量：可以设定图像的模糊程度。

7.2.5 轮廓图

选中位图，选择"位图>轮廓图"子菜单下的命令，如图7-52所示。CorelDRAW X7提供了3种不同的轮廓图效果。下面介绍其中两种常用的轮廓图效果。

图7-52

1. 边缘检测

选择"位图>轮廓图>边缘检测"命令，弹出"边缘检测"对话框，单击对话框中的◙按钮，显示对照预览窗口，如图7-53所示。

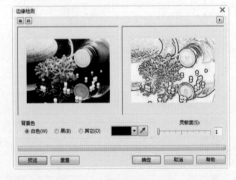

图7-53

对话框中各选项的含义如下。

背景色： 用来设定图像的背景颜色为白色、黑色或其他颜色。

▓： 可以在位图中吸取背景色。

灵敏度： 用来设定探测边缘的灵敏度。

2. 查找边缘

选择"位图>轮廓图>查找边缘"命令，弹出"查找边缘"对话框，单击对话框中的▓按钮，显示对照预览窗口，如图7-54所示。

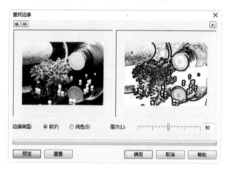

图7-54

对话框中各选项的含义如下。

边缘类型： 有"软"和"纯色"两种类型，选择不同的类型，会得到不同的效果。

层次： 可以设定效果的纯度。

7.2.6 创造性

选中位图，选择"位图>创造性"子菜单下的命令，如图7-55所示。CorelDRAW X7提供了14种不同的创造性效果。下面介绍4种常用的创造性效果。

图7-55

1. 框架

选择"位图>创造性>框架"命令，弹出"框架"对话框，单击"修改"选项卡，单击对话框中的▓按钮，显示对照预览窗口，如图7-56所示。

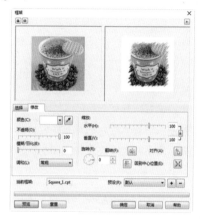

图7-56

对话框中各选项的含义如下。

"选择"选项卡： 用来选择框架，并为选取的列表添加新框架。

"修改"选项卡： 用来对框架进行修改，此选项卡中各选项的含义如下。

颜色、不透明： 分别用来设定框架的颜色和不透明度。

模糊/羽化： 用来设定框架边缘的模糊及羽化程度。

调和： 用来选择框架与图像之间的混合方式。

水平、垂直： 用来设定框架的大小比例。

旋转： 用来设定框架的旋转角度。

翻转： 用来将框架垂直或水平翻转。

对齐： 用来在图像窗口中设定框架效果的中心点。

回到中心位置： 用来在图像窗口中重新设定中心点。

2. 马赛克

选择"位图>创造性>马赛克"命令，弹出"马赛克"对话框，单击对话框中的▓按钮，显示对照预览窗口，如图7-57所示。

图7-57

对话框中各选项的含义如下。

大小：设置马赛克显示的大小。

背景色：设置马赛克的背景颜色。

虚光：为马赛克图像添加模糊的羽化框架。

3. 彩色玻璃

选择"位图>创造性>彩色玻璃"命令，弹出"彩色玻璃"对话框，单击对话框中的■按钮，显示对照预览窗口，如图7-58所示。

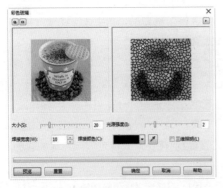

图7-58

对话框中各选项的含义如下。

大小：设定彩色玻璃块的大小。

光源强度：设定彩色玻璃的光源的强度。强度越小，显示越暗，强度越大，显示越亮。

焊接宽度：设定玻璃块焊接处的宽度。

焊接颜色：设定玻璃块焊接处的颜色。

三维照明：显示彩色玻璃图像的三维照明效果。

4. 虚光

选择"位图>创造性>虚光"命令，弹出"虚

光"对话框，单击对话框中的■按钮，显示对照预览窗口，如图7-59所示。

图7-59

对话框中各选项的含义如下。

颜色：设定光照的颜色。

形状：设定光照的形状。

偏移：设定框架的大小。

褪色：设定图像与虚光框架的混合程度。

7.2.7　扭曲

选中位图，选择"位图>扭曲"子菜单下的命令，如图7-60所示。CorelDRAW X7提供了11种不同的扭曲效果。下面介绍几种常用的扭曲效果。

图7-60

1. 块状

选择"位图>扭曲>块状"命令，弹出"块状"对话框，单击对话框中的■按钮，显示对照预览窗口，如图7-61所示。

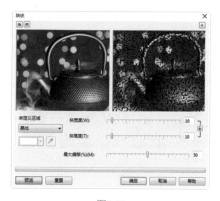

图7-61

对话框中各选项的含义如下。

未定义区域：在其下拉列表中可以设定背景部分的颜色。

块宽度、块高度：设定块状图像的尺寸大小。

最大偏移：设定块状图像的打散程度。

2. 置换

选择"位图>扭曲>置换"命令，弹出"置换"对话框，单击对话框中的 按钮，显示对照预览窗口，如图7-62所示。

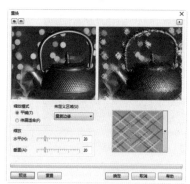

图7-62

对话框中各选项的含义如下。

缩放模式：可以选择"平铺"或"伸展适合"两种模式。

 ：可以选择置换的图形。

3. 像素

选择"位图>扭曲>像素"命令，弹出"像素"对话框，单击对话框中的 按钮，显示对照预览窗口，如图7-63所示。

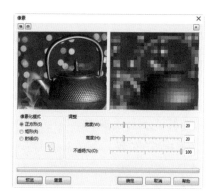

图7-63

对话框中各选项的含义如下。

像素化模式：当选择"射线"模式时，可以在预览窗口中设定像素化的中心点。

宽度、高度：设定像素色块的大小。

不透明：设定像素色块的不透明度，数值越小，色块就越透明。

4. 龟纹

选择"位图>扭曲>龟纹"命令，弹出"龟纹"对话框，单击对话框中的 按钮，显示对照预览窗口，如图7-64所示。

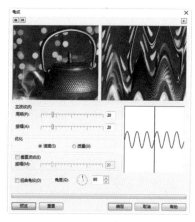

图7-64

对话框中选项的含义如下。

周期、振幅：默认的波纹是与图像的顶端和底端平行的。拖曳此滑块，可以设定波纹的周期和振幅，在右边可以看到波纹的形状。

课堂练习——制作万圣节门票

【**练习知识要点**】使用调整命令
调整图片的颜色,使用文本工具添加
宣传语,效果如图7-65所示。

【**素材所在位置**】Ch07/素材/制
作万圣节门票/01、02。

【**效果所在位置**】Ch07/效果/制
作万圣节门票.cdr。

图7-65

课后习题——制作圣诞卡

【**习题知识要点**】使用矩形工
具、渐变命令、天气命令和转化为位
图命令制作圣诞卡背景,使用矩形工
具和贝塞尔工具绘制圣诞树,使用两
点线工具和星形工具绘制装饰图形,
使用文字工具添加祝福文字,效果如
图7-66所示。

【**素材所在位置**】Ch07/素材/制
作圣诞卡/01、02。

【**效果所在位置**】Ch07/效果/制
作圣诞卡.cdr。

图7-66

第 8 章

应用特殊效果

本章介绍

　　CorelDRAW X7提供了多种特殊效果工具和命令，通过应用这些工具和命令，可以制作出丰富的图形特效。通过对本章的学习，读者可以了解并掌握如何应用强大的特殊效果功能制作出丰富多彩的图形特效。

学习目标

◆ 熟练掌握图框精确剪裁的方法。

◆ 了解色调的调整技巧。

◆ 熟练掌握特殊效果的使用方法。

技能目标

◆ 掌握"网页服饰广告"的制作方法。

◆ 掌握"立体文字"的制作方法。

◆ 掌握"家电广告"的绘制方法。

8.1 图框精确剪裁和色调的调整

在CorelDRAW X7中，使用图框精确剪裁可以将一个对象内置于另外一个容器对象中。内置的对象可以是任意的，但容器对象必须是创建的封闭路径。使用色调调整命令可以调整图形。下面具体讲解如何置入图形和调整图形的色调。

命令介绍

图框精确剪裁： 可以将一个图形对象内置于另一个容器对象中。

亮度/对比度/强度： 可以调整图形的亮度/对比度/强度。

8.1.1 课堂案例——制作网页服饰广告

【案例学习目标】学习使用色调的调整命令和文本工具制作网页服饰广告。

【案例知识要点】使用矩形工具、贝塞尔工具、调整命令和图框精确剪裁命令制作背景和宣传主体，使用文本工具、对象属性面板和透明度工具添加宣传文字，效果如图8-1所示。

【效果所在位置】Ch08/效果/制作网页服饰广告.cdr。

图8-1

（1）按Ctrl+N组合键，新建一个A4页面。单击属性栏中的"横向"按钮▭，横向显示页面。选择"矩形"工具▭，绘制一个矩形，如图8-2所示。设置图形颜色的CMYK值为5、12、22、0，填充图形，并去除图形的轮廓线，效果如图8-3所示。

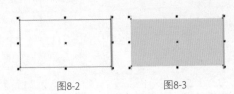

图8-2　　　　　　图8-3

（2）选择"贝塞尔"工具▧，绘制一个图形，设置图形颜色的CMYK值为68、0、18、0，填充图形，并去除图形的轮廓线，如图8-4所示。

（3）按Ctrl+I组合键，弹出"导入"对话框，打开本书学习资源中的"Ch08 > 素材 > 制作网页服饰广告 > 01"文件，单击"导入"按钮，在页面中单击导入图片，选择"选择"工具▧，将其拖曳到适当的位置并调整大小，效果如图8-5所示。

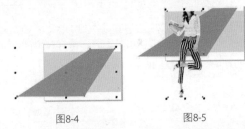

图8-4　　　　　　图8-5

（4）选择"效果 > 调整 > 亮度/对比度/调整"命令，在弹出的对话框中进行设置，如图8-6所示，单击"确定"按钮，效果如图8-7所示。

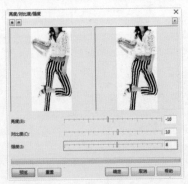

图8-6

图8-7

（5）按住Shift键的同时，单击绘制的图形，将其同时选取，如图8-8所示。选择"对象 > 图框精确剪裁 > 置于图文框内部"命令，鼠标的指针变为黑色箭头，将箭头放在矩形上单击，图像被置入矩形，效果如图8-9所示。

图8-8　　　　　图8-9

（6）选择"文本"工具，在页面中分别输入需要的文字，选择"选择"工具，在属性栏中分别选取适当的字体并设置文字大小，如图8-10所示。选取需要的文字，拖曳右侧中间的控制手柄到适当的位置，效果如图8-11所示。

图8-10

图8-11

（7）保持文字的选取状态，按Alt+Enter组合键，弹出"对象属性"泊坞窗，单击"段落"按钮，弹出相应的泊坞窗，选项的设置

如图8-12所示，按Enter键，文字效果如图8-13所示。

图8-12

图8-13

（8）选取需要的文字，在"对象属性"泊坞窗中选项的设置如图8-14所示，按Enter键，文字效果如图8-15所示。用相同的方法调整下方的文字，效果如图8-16所示。

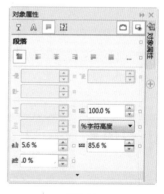

图8-14

图8-15　　　　　图8-16

（9）选取需要的文字，设置填充颜色的

CMYK值为100、86、40、2，填充文字，效果如图8-17所示。按住Shift键的同时，选取需要的文字，填充为白色，效果如图8-18所示。

图8-17　　　　　　　　　图8-18

（10）选取需要的文字。选择"透明度"工具，在属性栏中单击"均匀透明度"按钮，其他选项的设置如图8-19所示，按Enter键，效果如图8-20所示。

图8-19　　　　　　　　　图8-20

（11）选择"文本"工具，在页面中分别输入需要的文字，选择"选择"工具，在属性栏中分别选取适当的字体并设置文字大小，如图8-21所示。选取需要的文字，设置填充颜色的CMYK值为0、100、60、20，填充文字，效果如图8-22所示。再次选取需要的文字，设置填充颜色的CMYK值为68、0、18、0，填充文字，效果如图8-23所示。

图8-21　　　　　　　　　图8-22

图8-23

（12）选取需要的文字，在"对象属性"泊坞窗中选项的设置如图8-24所示，按Enter键，文字效果如图8-25所示。

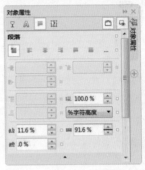

图8-24　　　　　　　　　图8-25

（13）选取需要的文字，在"对象属性"泊坞窗中选项的设置如图8-26所示，按Enter键，文字效果如图8-27所示。

图8-26　　　　　　　　　图8-27

（14）选择"文本"工具，在页面中输入需要的文字，选择"选择"工具，在属性栏中选取适当的字体并设置文字大小，如图8-28所示。设置填充颜色的CMYK值为5、12、22、0，填充文字，效果如图8-29所示。

图8-28　　　　　　　　　图8-29

（15）保持文字的选取状态，在"对象属性"泊坞窗中选项的设置如图8-30所示，按Enter键，文字效果如图8-31所示。

图8-30　　　　　　　　　图8-31

（16）选择"文本"工具，在页面中分别输入需要的文字，选择"选择"工具，在属性栏中分别选取适当的字体并设置文字大小，如图8-32所示。用圈选的方法将文字同时选取，设置填充颜色的CMYK值为5、12、22、0，填充文字，效果如图8-33所示。

图8-32　　　　　　　　　图8-33

（17）保持文字的选取状态，在"对象属性"泊坞窗中选项的设置如图8-34所示，按Enter键，文字效果如图8-35所示。网页服饰广告制作完成，效果如图8-36所示。

图8-34　　　　　　　　　图8-35

图8-36

8.1.2　图框精确剪裁效果

在CorelDRAW X7中，使用图框精确剪裁，可以将一个对象内置于另一个容器对象中。内置的对象可以是任意的，但容器对象必须是创建的封闭路径。

打开一张图片，再绘制一个图形作为容器对象，使用"选择"工具选中要用来内置的图片，效果如图8-37所示。

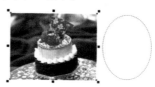

图8-37

选择"对象＞图框精确剪裁＞置于图文框内部"命令，鼠标的指针变为黑色箭头，将箭头放在容器对象内，如图8-38所示。单击鼠标左键，完成的图框精确剪裁，效果如图8-39所示。内置图形的中心和容器对象的中心是重合的。

图8-38　　　　　　　图8-39

选择"对象＞图框精确剪裁＞提取内容"命令，可以将容器对象内的内置位图提取出来。选择"对象＞图框精确剪裁＞编辑PowerClip"命令，可以修改内置对象。选择"对象＞图框精确剪裁＞结束编辑"命令，完成内置位图的重新选择。选择"对象＞图框精确剪裁＞复制PowerClip自"命令，鼠标的指针变为黑色箭头，将箭头放在图框精确剪裁对象上并单击，可复制内置对象。

8.1.3　调整亮度、对比度和强度

打开一个图形，如图8-40所示。选择"效果＞调整＞亮度/对比度/强度"命令，或按Ctrl+B组合

键，弹出"亮度/对比度/强度"对话框，用光标拖曳滑块可以设置各项的数值，如图8-41所示。调整好后，单击"确定"按钮，图形色调的调整效果如图8-42所示。

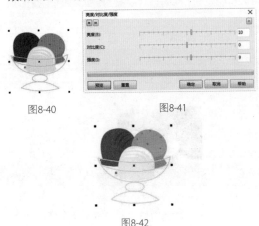

图8-40 　　　　　　　　　图8-41

图8-42

"亮度"选项：可以调整图形颜色的深浅变化，也就是增加或减少所有像素值的色调范围。

"对比度"选项：可以调整图形颜色的对比，也就是调整最浅和最深像素值之间的差。

"强度"选项：可以调整图形浅色区域的亮度，同时不降低深色区域的亮度。

"预览"按钮：可以预览色调的调整效果。

"重置"按钮：可以重新调整色调。

8.1.4　调整颜色通道

　　打开一个图形，效果如图8-43所示。选择"效果 > 调整 > 颜色平衡"命令，或按Ctrl+Shift+B组合键，弹出"颜色平衡"对话框，用光标拖曳滑块可以设置各选项的数值，如图8-44所示。调整好后，单击"确定"按钮，图形色调的调整效果如图8-45所示。

图8-43 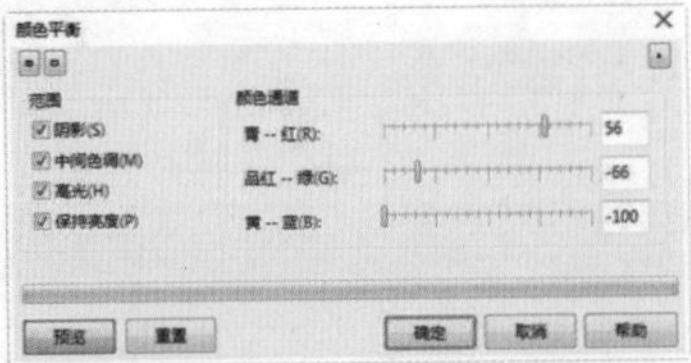 　　　　　　　　　图8-44

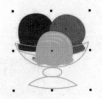

图8-45

　　在对话框的"范围"设置区中有4个复选框，可以共同或分别设置对象的颜色调整范围。

"阴影"复选框：可以对图形阴影区域的颜色进行调整。

"中间色调"复选框：可以对图形中间色调的颜色进行调整。

"高光"复选框：可以对图形高光区域的颜色进行调整。

"保持亮度"复选框：可以在对图形进行颜色调整的同时保持图形的亮度。

"青－红"选项：可以在图形中添加青色和红色。向右移动滑块将添加红色，向左移动滑块将添加青色。

"品红－绿"选项：可以在图形中添加品红色和绿色。向右移动滑块将添加绿色，向左移动滑块将添加品红色。

"黄－蓝"选项：可以在图形中添加黄色和蓝色。向右移动滑块将添加蓝色，向左移动滑块将添加黄色。

8.1.5　调整色度、饱和度和亮度

　　打开一个要调整色调的图形，如图8-46所示。选择"效果 > 调整 > 色度/饱和度/亮度"命令，或按Ctrl+Shift+U组合键，弹出"色度/饱和度/亮度"对话框，用光标拖曳滑块可以设置其数值，如图8-47所示。调整好后，单击"确定"按钮，图形色调的调整效果如图8-48所示。

图8-46

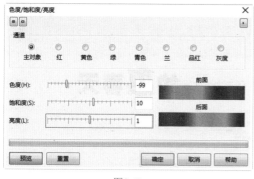

图8-47

图8-48

"通道"选项组：可以选择要调整的主要颜色。

"色度"选项：可以改变图形的颜色。

"饱和度"选项：可以改变图形颜色的深浅程度。

"亮度"选项：可以改变图形的明暗程度。

8.2 特殊效果

在CorelDRAW X7中应用特殊效果和命令，可以制作出丰富的图形特效。下面具体介绍几种常用的特殊效果和命令。

命令介绍

添加透视：可以制作图形的透视效果。

立体化工具：可以制作和编辑图形的三维效果。

调和工具：可以在绘图对象间产生形状、颜色的平滑变化。

透明度工具：可以制作出均匀、渐变、图案和底纹等许多透明效果。

8.2.1 课堂案例——制作立体文字

【案例学习目标】学习使用文本工具和特殊效果命令制作立体文字。

【案例知识要点】使用矩形工具和图框精确剪裁命令制作背景效果，使用文本工具、轮廓图工具、透明度工具和立体化工具制作立体文字，效果如图8-49所示。

【效果所在位置】Ch08/效果/制作立体文字.cdr。

图8-49

（1）按Ctrl+N组合键，新建一个A4页面。单击属性栏中的"横向"按钮，横向显示页面。按Ctrl+I组合键，弹出"导入"对话框，打开本书学习资源中的"Ch08 > 素材 > 制作立体文字 > 01"文件，单击"导入"按钮，在页面中单击导入图片，选择"选择"工具，将其拖曳到适当的位置并调整大小，效果如图8-50所示。

（2）按Ctrl+I组合键，弹出"导入"对话框，打开本书学习资源中的"Ch08 > 素材 > 制作立体文字 > 02"文件，单击"导入"按钮，在页面中单击导入图片，选择"选择"工具，将其拖曳到适当的位置并调整其大小，效果如图8-51所示。

图8-50　　　　　　图8-51

（3）双击"矩形"工具▢，绘制一个与页面大小相等的矩形，如图8-52所示。按Shift+PageUp组合键，将矩形置于图层前面，如图8-53所示。

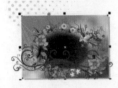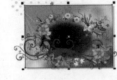

图8-52　　　　　　图8-53

（4）选择"选择"工具▢，按住Shift键的同时，选取需要的图片。选择"对象 > 图框精确剪裁 > 置于图文框内部"命令，鼠标的指针变为黑色箭头，将箭头放在矩形上单击，图像被置入矩形，并去除图形的轮廓线，效果如图8-54所示。

（5）选择"文本"工具▯，在页面中输入需要的文字，选择"选择"工具▢，在属性栏中选取适当的字体并设置文字大小，如图8-55所示。

图8-54　　　　　　图8-55

（6）选择"形状"工具▢，按住Shift键的同时，选取需要的文字，如图8-56所示。按F11键，弹出"编辑填充"对话框，选择"渐变填充"按钮▩，在"位置"选项中分别添加并输入0、50、100这3个位置点，分别设置这3个位置点颜色的CMYK值为0（0、20、100、0）、50（0、10、100、0）、100（0、0、10、0），其他选项的

设置如图8-57所示，单击"确定"按钮。填充文字，效果如图8-58所示。选择"形状"工具▢，选取需要的文字，如图8-59所示。

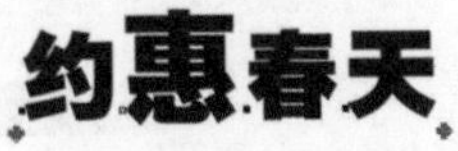

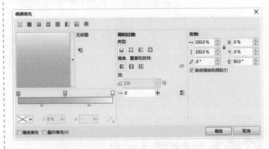

图8-56

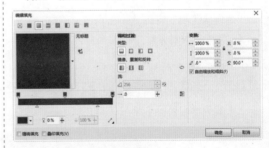

图8-57

图8-58　　　　　　图8-59

（7）按F11键，弹出"编辑填充"对话框，选择"渐变填充"按钮▩，在"位置"选项中分别添加并输入0、50、100这3个位置点，分别设置这3个位置点颜色的CMYK值为0（0、100、100、40）、50（0、100、100、0）、100（0、100、100、40），其他选项的设置如图8-60所示，单击"确定"按钮。填充文字，效果如图8-61所示。

图8-60

图8-61

（8）选择"选择"工具▢，选取文字。选择"轮廓图"工具▢，在属性栏中单击"外部轮

廓"按钮  ，其他选项的设置如图8-62所示，按Enter键，效果如图8-63所示。

图8-62

图8-63

（9）选择"对象 > 拆分轮廓图群组"命令，拆分文字，如图8-64所示。选择"选择"工具  ，选取需要的文字，如图8-65所示。

图8-64

图8-65

（10）选择"阴影"工具 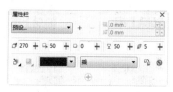 ，在文字上从上向下拖曳光标，添加阴影效果，在属性栏中的设置如图8-66所示，按Enter键，效果如图8-67所示。

图8-66

图8-67

（11）选择"选择"工具 ，选取文字后方的渐变图形。按F11键，弹出"编辑填充"对话框，选择"渐变填充"按钮 ，在"位置"选项中分别添加并输入0、50、100这3个位置点，分别设置这3个位置点颜色的CMYK值为0（42、64、100、10）、50（0、10、100、0）、100（9、27、95、0），其他选项的设置如图8-68所示，单击"确定"按钮。填充图形，效果如图8-69所示。

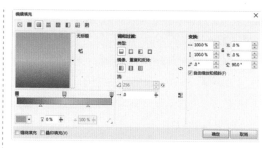

图8-68

图8-69

（12）保持图形的选取状态。选择"立体化"工具 ，在属性栏的"预设列表"中选择"立体右下"选项，如图8-70所示。单击"立体化颜色"按钮 ，在弹出的面板中单击"使用递减的颜色"按钮 ，将"从"选项颜色的CMYK值设置为60、80、100、44，"到"选项的颜色设为黑色，如图8-71所示。其他选项的设置如图8-72所示，按Enter键，效果如图8-73所示。用相同的方法制作其他文字，效果如图8-74所示。

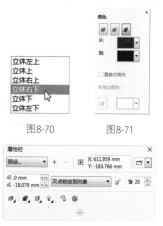

图8-70   图8-71

图8-72

图8-73   图8-74

（13）选择"文本"工具 ，在页面中输入需要的文字，选择"选择"工具 ，在属性栏中选取适当的字体并设置文字大小，设置文字颜色的CMYK值为100、0、100、60，填充文字，效果如图8-75所示。

（14）按Alt+Enter组合键，弹出"对象属性"泊坞窗，单击"段落"按钮█，弹出相应的泊坞窗，选项的设置如图8-76所示，按Enter键，文字效果如图8-77所示。

如图8-82所示。单击"确定"按钮，填充图形，效果如图8-83所示。

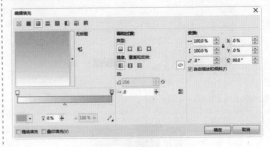

图8-75　　　　　　　　　　图8-76

图8-82

图8-83

（18）选择"选择"工具█，将文字分别拖曳到适当的位置，效果如图8-84所示。选取需要的文字，如图8-85所示。选择"对象 > 拆分阴影群组"命令，拆分阴影，效果如图8-86所示。选取上方的文字，选择"对象 > 拆分美术字"命令，拆分美术字，效果如图8-87所示。

图8-77

（15）选择"选择"工具█，选取文字。选择"轮廓图"工具█，在属性栏中单击"外部轮廓"按钮█，将"填充色"选项的CMYK值设置为0、20、100、0，其他选项的设置如图8-78所示，按Enter键，效果如图8-79所示。

图8-84　　　　　　　图8-85

图8-86　　　　　　　图8-87

图8-78　　　　　　　　图8-79

（19）选择"选择"工具█，按住Shift键的同时，选取需要的文字，如图8-88所示。选择"对象 > 转换为曲线"命令，将文字转换为曲线，效果如图8-89所示。

（16）选择"对象 > 拆分轮廓图群组"命令，拆分文字，如图8-80所示。选择"选择"工具█，选取文字后方的图形，如图8-81所示。

图8-88　　　　　　　图8-89

图8-80　　　　　　　图8-81

（17）按F11键，弹出"编辑填充"对话框，选择"渐变填充"按钮█，将"起点"颜色的CMYK值设置为0、0、0、0，"终点"颜色的CMYK值设置为0、20、100、0，其他选项的设置

（20）选择"椭圆形"工具█，在适当的位置绘制椭圆形，设置图形颜色的CMYK值为0、

20、100、0，填充图形，并去除图形的轮廓线，效果如图8-90所示。选择"透明度"工具，在属性栏中单击"均匀透明度"按钮，其他选项的设置如图8-91所示，按Enter键，效果如图8-92所示。

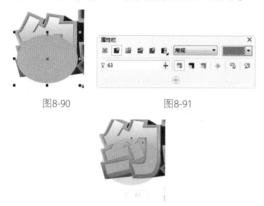

图8-90　　　　　　　　图8-91

图8-92

（21）选择"选择"工具，选取图形，如图8-93所示。选择"对象 > 图框精确剪裁 > 置于图文框内部"命令，鼠标的指针变为黑色箭头，将箭头放在文字上单击，如图8-94所示，图形被置入文字，效果如图8-95所示。

图8-93　　　　　图8-94　　　　　图8-95

（22）用相同的方法制作其他文字，效果如图8-96所示。选择"椭圆形"工具，在适当的位置绘制椭圆形，设置图形颜色的CMYK值为0、20、100、0，填充图形，并去除图形的轮廓线，效果如图8-97所示。

图8-96　　　　　　　图8-97

（23）选择"透明度"工具，在图形上从上向下拖曳光标，选取上方的节点，在右侧的"节

点透明度"框中设置数值为100，选取下方的节点，在右侧的"节点透明度"框中设置数值为0，在属性栏中选项的设置如图8-98所示，按Enter键，效果如图8-99所示。

（24）选择"选择"工具，选取图形，如图8-100所示。选择"对象 > 图框精确剪裁 > 置于图文框内部"命令，鼠标的指针变为黑色箭头，将箭头放在文字上单击，图形被置入文字，效果如图8-101所示。

图8-98

图8-99　　　　　图8-100　　　　　图8-101

（25）选择"选择"工具，用圈选的方法将需要的图形同时选取，按Ctrl+G组合键，组合图形，如图8-102所示。将其拖曳到适当的位置，立体文字制作完成，效果如图8-103所示。

图8-102　　　　　　　图8-103

8.2.2　制作透视效果

在设计和制作图形的过程中，经常会使用到透视效果。下面介绍如何在CorelDRAW X7中制作透视效果。

打开要制作透视效果的图形，使用"选择"工具选中图形，效果如图8-104所示。选择"效

果 > 添加透视"命令，在图形的周围出现控制线和控制点，如图8-105所示。用鼠标指针拖曳控制点，制作需要的透视效果，在拖曳控制点时出现了透视点×，如图8-106所示。用鼠标指针可以拖曳透视点×，同时可以改变透视效果，如图8-107所示。制作好透视效果后，按空格键，确定完成的效果。

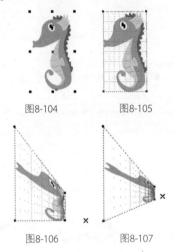

图8-104　　　　　图8-105

图8-106　　　　　图8-107

要修改已经制作好的透视效果，须双击图

形，再对已有的透视效果进行调整即可。选择"效果>清除透视点"命令，可以清除透视效果。

8.2.3　制作立体效果

立体化效果是利用三维空间的立体旋转和光源照射的功能来完成的。CorelDRAW X7中的"立体化"工具，可以制作和编辑图形的三维效果。

绘制一个需要立体化的图形，如图8-108所示。选择"立体化"工具，在图形上按住鼠标左键并向图形右下方拖曳指针，如图8-109所示。达到需要的立体效果后，松开鼠标左键，图形的立体化效果如图8-110所示。

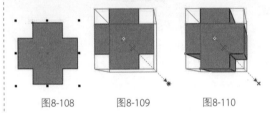

图8-108　　　图8-109　　　图8-110

"立体化"工具的属性栏如图8-111所示。各选项的含义如下。

图8-111

"立体化类型"选项：单击选项后的三角形弹出下拉列表，分别选择可以出现不同的立体化效果。

"深度"选项：可以设置图形立体化的深度。

"灭点属性"选项：可以设置灭点的属性。

"页面或对象灭点"按钮：可以将灭点锁定到页面上，在移动图形时灭点不能移动，且立体化的图形形状会改变。

"立体化旋转"按钮：单击此按钮，弹出旋转设置框，指针放在三维旋转设置区内会变为手形，拖曳鼠标可以在三维旋转设置区中旋转图形，页面中的立体化图形会进行相应的旋转。单

击按钮，设置区中出现"旋转值"数值框，可以精确地设置立体化图形的旋转数值。单击按钮，恢复到设置区的默认设置。

"立体化颜色"按钮：单击此按钮，弹出立体化图形的"颜色"设置区。在颜色设置区中有3种颜色设置模式，分别是"使用对象填充"模式、"使用纯色"模式和"使用递减的颜色"模式。

"立体化倾斜"按钮：单击此按钮，弹出"斜角修饰"设置区，通过拖曳面板中图例的节点来添加斜角效果，也可以在增量框中输入数值来设定斜角。勾选"只显示斜角修饰边"复选框，将只显示立体化图形的斜角修饰边。

"立体化照明"按钮：单击此按钮，弹出

照明设置区，在设置区中可以为立体化图形添加光源。

8.2.4 使用调和效果

"调和"工具是CorelDRAW X7中应用最广泛的工具之一。制作出的调和效果可以在绘图对象间产生形状、颜色的平滑变化。下面具体讲解调和效果的使用方法。

打开两个要制作调和效果的图形，如图8-112所示。选择"调和"工具，将鼠标的指针放在左边的图形上，鼠标的指针变为，按住鼠标左键

并拖曳鼠标到右边的图形上，如图8-113所示。松开鼠标，两个图形的调和效果如图8-114所示。

图8-112

图8-113　　　　　　图8-114

"调和"工具的属性栏如图8-115所示。各选项的含义如下。

图8-115

"调和步长"选项：可以设置调和的步数，效果如图8-116所示。

"调和方向"：可以设置调和的旋转角度，效果如图8-117所示。

图8-116　　　　　　图8-117

"环绕调和"：调和的图形除了自身旋转外，同时将以起点图形和终点图形的中间位置为旋转中心做旋转分布，如图8-118所示。

图8-118

"直接调和"、"顺时针调和"、"逆时针调和"：设定调和对象之间颜色过渡的方向，效果如图8-119所示。

a.顺时针调和　　　　b.逆时针调和

图8-119

"对象和颜色加速"：调整对象和颜色的加速属性。单击此按钮，弹出如图8-120所示的对话框，拖曳滑块到需要的位置，对象加速调和效果如图8-121所示，颜色加速调和效果如图8-122所示。

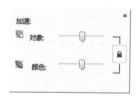

图8-120

"调整加速大小"：可以控制调和的加速属性。

"起始和结束属性"：可以显示或重新设定调和的起始及终止对象。

图8-121　　　　　　图8-122

"路径属性"：使调和对象沿绘制好的路径分布。单击此按钮弹出如图8-123所示的菜单，选择"新路径"选项，鼠标的指针变为，在新绘制的路径上单击，如图8-124所示。沿路径进行

调和的效果如图8-125所示。

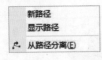

图8-123

图8-124　　　　　　图8-125

"更多调和选项" ：可以进行更多的调和
设置。单击此按钮弹出如图8-126所示的菜单。
"映射节点"按钮，可指定起始对象的某一节点
与终止对象的某一节点对应，以产生特殊的调和
效果。"拆分"按钮，可将过渡对象分割成独
立的对象，并可与其他对象进行再次调和。勾选
"沿全路径调和"复选框，可以使调和对象自动
充满整个路径。勾选"旋转全部对象"复选框，
可以使调和对象的方向与路径一致。

图8-126

8.2.5　使用阴影效果

　　阴影效果是经常使用的一种特效，使用"阴
影"工具可以快速给图形制作阴影效果，还可以
设置阴影的透明度、角度、位置、颜色和羽化程
度。下面介绍如何制作阴影效果。

　　打开一个图形，使用"选择"工具选取
要制作阴影效果的图形，如图8-127所示。再选
择"阴影"工具，将鼠标指针放在图形上，按
住鼠标左键并向阴影投射的方向拖曳鼠标，如图
8-128所示。到需要的位置后松开鼠标，阴影效果
如图8-129所示。

图8-127　　　图8-128　　　图8-129

　　拖曳阴影控制线上的■图标，可以调节阴影
的透光程度。拖曳时越靠近□图标，透光度越
小，阴影越淡，效果如图8-130所示。拖曳时越
靠近■图标，透光度越大，阴影越浓，效果如图
8-131所示。

图8-130 　　　　　图8-131

　　"阴影"工具的属性栏如图8-132所示。各
选项的含义如下。

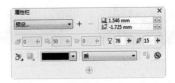

图8-132

　　"预设列表"：选择需要的预设
阴影效果。单击预设框后面的+或-按钮，可以
添加或删除预设框中的阴影效果。

　　"阴影偏移"、"阴影角度"：
分别可以设置阴影的偏移位置和角度。

　　"阴影延展"、"阴影淡出"：分
别可以调整阴影的长度和边缘的淡化程度。

　　"阴影的不透明"：可以设置阴影的不
透明度。

　　"阴影羽化"：可以设置阴影的羽化
程度。

　　"羽化方向"：可以设置阴影的羽化方
向。单击此按钮可弹出"羽化方向"设置区，如

图8-133所示。

"羽化边缘" ：可以设置阴影的羽化边缘模式。单击此按钮可弹出"羽化边缘"设置区，如图8-134所示。

"阴影颜色" ▅▅▅▾：可以改变阴影的颜色。

图8-133　　　图8-134

8.2.6　设置透明效果

使用"透明度"工具可以制作出如均匀、渐变、图案和底纹等许多漂亮的透明效果。

绘制并填充两个图形，选择"选择"工具，选择右侧的图形，如图8-135所示。选择"透明度"工具，在属性栏中的"透明度类型"下拉列表中选择一种透明类型，如图8-136所示。右侧图形的透明效果如图8-137所示。用"选择"工具将右侧的图形选中并拖放到左侧的图案上，效果如图8-138所示。

图8-135　　　图8-136

图8-137　　　图8-138

透明属性栏中各选项的含义如下。

、：选择透明类型和透明样式。

"开始透明度" ：拖曳滑块或直接输入数值，可以改变对象的透明度。

"透明度目标"选项：设置应用透明度到"填充""轮廓"或"全部"效果。

"冻结透明度"按钮：冻结当前视图的透明度。

"编辑透明度"：打开"渐变透明度"对话框，可以对渐变透明度进行具体的设置。

"复制透明度属性"：可以复制对象的透明效果。

"无透明度"：可以清除对象中的透明效果。

命令介绍

轮廓工具：可以制作出由图形中间向内部或外部放射的层次效果，由多个同心线圈组成。

封套工具：可以快速地建立对象的封套效果。

变形工具：可以产生不规则的图形外观。

8.2.7　课堂案例——制作家电广告

【案例学习目标】使用文本工具、贝塞尔工具和特殊效果工具制作家电广告。

【案例知识要点】使用矩形工具和渐变工具制作背景效果，使用文本工具、封套工具和阴影工具制作广告语文字，使用贝塞尔工具、轮廓图工具和拆分轮廓图命令制作阴影效果，使用矩形工具和调和工具制作装饰图形，效果如图8-139所示。

【效果所在位置】Ch08/效果/制作家电广告.cdr。

图8-139

（1）按Ctrl+N组合键，新建一个A4页面。单击属性栏中的"横向"按钮，横向显示页面。双击"矩形"工具，绘制一个与页面大小相等的矩形，如图8-140所示。选择"选择"工具，按住

Shift键的同时，拖曳矩形上边中间的控制手柄到适当的位置，调整其大小，效果如图8-141所示。

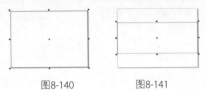

图8-140　　　　　　图8-141

（2）按F11键，弹出"编辑填充"对话框，选择"渐变填充"按钮■，在"位置"选项中分别添加并输入0、50、100三个位置点，分别设置三个位置点颜色的CMYK值为0（0、40、100、0）、50（0、0、54、0）、100（0、40、100、0），其他选项的设置如图8-142所示，单击"确定"按钮。填充文字，效果如图8-143所示。

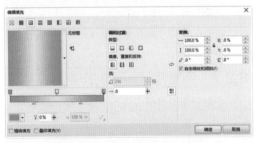

图8-142

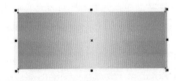

图8-143

（3）选择"文本"工具字，在页面中输入需要的文字，选择"选择"工具，在属性栏中选取适当的字体并设置文字大小，如图8-144所示。

图8-144

（4）选择"形状"工具，选取需要的文字节点，如图8-145所示。在属性栏中设置文字大小，如图8-146所示。

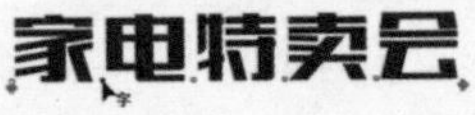

图8-145 　　　　　　图8-146

（5）选择"封套"工具，在文字周围出现封套节点，如图8-147所示。按住Shift键的同时，选取需要的节点，如图8-148所示，按Delete键，删除选取的节点。

图8-147 　　　　　　图8-148

（6）按住Shift键的同时，选取需要的节点，如图8-149所示，在属性栏中单击"转换为直线"按钮，将节点转换为直线点。分别拖曳节点到适当的位置，效果如图8-150所示。

图8-149　　　　　　图8-150

（7）选择"选择"工具，选取文字。按F11键，弹出"编辑填充"对话框，选择"渐变填充"按钮■，在"位置"选项中分别添加并输入0、52、100三个位置点，分别设置三个位置点颜色的CMYK值为0（0、20、100、0）、52（5、0、100、0）、100（0、10、70、0），其他选项的设置如图8-151所示，单击"确定"按钮。填充文字，效果如图8-152所示。

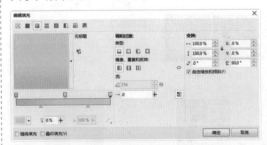

图8-151

图8-152

（8）选择"阴影"工具，在文字上从上向下拖曳光标添加阴影效果，在属性栏中的设置如图8-153所示，按Enter键，效果如图8-154所示。

图8-153

图8-154

（9）选择"贝塞尔"工具，绘制一个图形，设置图形颜色的CMYK值为0、100、80、0，填充图形，并去除图形的轮廓线，如图8-155所示。选择"轮廓图"工具，在属性栏中单击"外部轮廓"按钮，将"填充色"选项的CMYK值设置为40、100、100、20，其他选项的设置如图8-156所示，按Enter键，效果如图8-157所示。

（10）选择"选择"工具，选取图形，选择"对象 > 拆分轮廓图群组"命令，拆分文字。选取下方的图形，按数字键盘上的+键，复制图形，并将其拖曳到适当的位置，效果如图8-158所示。

图8-155

图8-156

图8-157　　　　　图8-158

（11）保持图形的选取状态，填充为黑色，效果如图8-159所示。选择"透明度"工具，在属性栏中单击"均匀透明度"按钮，其他选项的设置如图8-160所示，按Enter键，效果如图8-161所示。选择"选择"工具，选取需要的图

形，按Ctrl+PageDown组合键，后移图形，效果如图8-162所示。

图8-159　　　　　图8-160

图8-161　　　　　图8-162

（12）选择"选择"工具，用圈选的方法将需要的图形同时选取，按Ctrl+G组合键，群组图形，拖曳到适当的位置，效果如图8-163所示。用相同的方法制作其他图形和文字，拖曳到适当的位置，效果如图8-164所示。按Ctrl+PageDown组合键，后移图形，效果如图8-165所示。

图8-163　　　　　图8-164

图8-165

（13）按Ctrl+I组合键，弹出"导入"对话框，打开本书学习资源中的"Ch08 > 素材 > 制作家电广告 > 01"文件，单击"导入"按钮，在页面中单击导入图片，选择"选择"工具，将其拖曳到适当的位置并调整大小，效果如图8-166所示。连续按Ctrl+ PageDown组合键，后移图形，效果如图8-167所示。

图8-166

图8-167

（14）选择"矩形"工具，在适当的位置绘制矩形，设置图形颜色的CMYK值为0、100、100、0，填充图形，并去除图形的轮廓线，效果如图8-168所示。按Ctrl+I组合键，弹出"导入"对话框，打开本书学习资源中的"Ch08 > 素材 > 制

作家电广告 > 02"文件，单击"导入"按钮，在页面中单击导入图片，选择"选择"工具，将其拖曳到适当的位置并调整大小，效果如图8-169所示。

图8-168　　　　　　　　图8-169

（15）按Ctrl+I组合键，弹出"导入"对话框，打开本书学习资源中的"Ch08 > 素材 > 制作家电广告 > 03"文件，单击"导入"按钮，在页面中单击导入图片，选择"选择"工具，将其拖曳到适当的位置并调整大小，效果如图8-170所示。

图8-170

（16）选择"阴影"工具，在图形上从左向右拖曳光标添加阴影效果，在属性栏中的设置如图8-171所示，按Enter键，效果如图8-172所示。

图8-171　　　　　　　　图8-172

（17）选择"选择"工具，选取图片，按数字键盘上的+键，复制图片。单击属性栏中的"水平镜像"按钮，水平翻转图片，效果如图8-173所示。拖曳到适当的位置，效果如图8-174所示。

图8-173　　　　　　　　图8-174

（18）选择"矩形"工具，在适当的位置绘制矩形，设置图形颜色的CMYK值为0、20、100、0，填充图形，并去除图形的轮廓线，效果如图8-175所示。选择"选择"工具，按住Shift键的同时，将矩形拖曳到适当的位置，复制矩形。设置图形颜色的CMYK值为0、100、100、60，填充图形，效果如图8-176所示。

图8-175

图8-176

（19）选择"调和"工具，将鼠标的指针从左键图形拖曳到右边的图形上，如图8-177所示。在属性栏中的设置如图8-178所示，按Enter键，效果如图8-179所示。家电广告制作完成，效果如图8-180所示。

图8-177

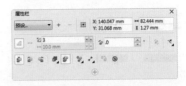

图8-178

图8-179

图8-180

8.2.8 编辑轮廓效果

轮廓效果是由图形中向内部或者外部放射的层次效果，它由多个同心线圈组成。下面介绍如何制作轮廓效果。

绘制一个图形，如图8-181所示。选择"轮廓图"工具 ，在图形轮廓上方的节点上单击鼠标左键，并向内拖曳指针至需要的位置，松开鼠标左键，效果如图8-182所示。

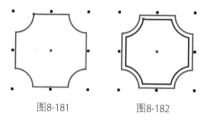

图8-181　　　　图8-182

"轮廓"工具的属性栏如图8-183所示。各选项的含义如下。

图8-183

"预设列表"选项 ：选择系统预设的样式。

"内部轮廓"按钮 、"外部轮廓"按钮 ：使对象产生向内和向外的轮廓图。

"到中心"按钮 ：根据设置的偏移值一直向内创建轮廓图，效果如图8-184所示。

内部轮廓　　　到中心　　　外部轮廓

图8-184

"轮廓图步长"选项 和"轮廓图偏移"选项 ：设置轮廓图的步数和偏移值，如图8-185和图8-186所示。

"轮廓色"选项 ：设定最内一圈轮廓

线的颜色。

"填充色"选项 ：设定轮廓图的颜色。

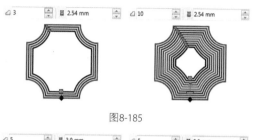

图8-185

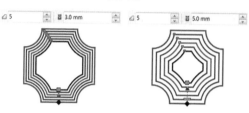

图8-186

8.2.9 使用变形效果

"变形"工具可以使图形的变形操作更加方便。变形后可以产生不规则的图形外观，图形效果更具弹性、更加奇特。

选择"变形"工具 ，弹出如图8-187所示的属性栏，在属性栏中提供了3种变形方式："推拉变形" 、"拉链变形" 和"扭曲变形" 。

图8-187

1. 推拉变形

绘制一个图形，如图8-188所示。单击属性栏中的"推拉变形"按钮 ，在图形上按住鼠标左键并向左拖曳鼠标，如图8-189所示。变形的效果如图8-190所示。

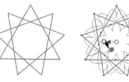

图8-188 　　　图8-189 　　　图8-190

在属性栏的"推拉振幅"框中，可以输

入数值来控制推拉变形的幅度。推拉变形的设置范围为-200~200。单击"居中变形"按钮，可以将变形的中心移至图形的中心。单击"转换为曲线"按钮，可以将图形转换为曲线。

2. 拉链变形

绘制一个图形，如图8-191所示。单击属性栏中的"拉链变形"按钮，在图形上按住鼠标左键并向左下方拖曳鼠标，如图8-192所示，变形的效果如图8-193所示。

图8-191　　　　　图8-192　　　　　图8-193

在属性栏的"拉链失真振幅"中，可以输入数值调整变化图形时锯齿的深度。单击"随机变形"按钮，可以随机地变化图形锯齿的深度。单击"平滑变形"按钮，可以将图形锯齿的尖角变成圆弧。单击"局部变形"按钮，在图形中拖曳鼠标，可以将图形锯齿的局部进行变形。

3. 扭曲变形

绘制一个图形，效果如图8-194所示。选择"变形"工具，单击属性栏中的"扭曲变形"按钮，在图形中按住鼠标左键并转动鼠标，如图8-195所示，变形的效果如图8-196所示。

图8-194　　　　　图8-195　　　　　图8-196

单击属性栏中的"添加新的变形"按钮，可以继续在图形中按住鼠标左键并转动鼠标，制作新的变形效果。单击"顺时针旋转"按钮和"逆时针旋转"按钮，可以设置旋转的方向。在"完全旋转"文本框中可以设置完全旋转的圈数。在"附加角度"文本框中可以设置旋转的角度。

8.2.10　封套效果

使用"封套"工具可以快速建立对象的封套效果，使文本、图形和位图都可以产生丰富的变形效果。

打开一个要制作封套效果的图形，如图8-197所示。选择"封套"工具，单击图形，图形外围显示封套的控制线和控制点，如图8-198所示。用鼠标拖曳需要的控制点到适当的位置并松开鼠标左键，可以改变图形的外形，如图8-199所示。选择"选择"工具，并按Esc键，取消选取，图形的封套效果如图8-200所示。

图8-197　　　图8-198　　　图8-199　　　图8-200

在属性栏的"预设列表"中，可以选择需要的预设封套效果。"直线模式"按钮、"单弧模式"按钮、"双弧模式"按钮和"非强制模式"按钮为4种不同的封套编辑模式。"映射模式"列表框包含4种映射模式，分别是"水平"模式、"原始"模式、"自由变形"模式和"垂直"模式。使用不同的映射模式可以使封套中的对象符合封套的形状，制作出所需要的变形效果。

8.2.11　使用透镜效果

在CorelDRAW X7中，使用透镜可以制作出多种特殊效果。下面介绍使用透镜的方法和效果。

打开一个图形，使用"选择"工具选取图形，如图8-201所示。选择"效果 > 透镜"命令，或按Alt+F3组合键，弹出"透镜"泊坞窗，按如图8-202所示进行设定，单击"应用"按钮，效果如图8-203所示。

在"透镜"泊坞窗中有"冻结""视点""移除表面"3个复选框，选中它们可以设置透镜效果的公共参数。

"**冻结**"复选框：可以将透镜下面的图形产生的透镜效果添加成透镜的一部分。产生的透镜效果不会因为透镜或图形的移动而改变。

"**视点**"复选框：可以在不移动透镜的情况下，只弹出透镜下面对象的一部分。单击"视点"后面的"编辑"按钮，在对象的中心出现×形状，拖曳×形状可以移动视点。

"**移除表面**"复选框：透镜将只作用于下面的图形，没有图形的页面区域将保持通透性。

图8-201

图8-202

透明度 选项：单击列表框弹出"透镜类型"下拉列表，如图8-204所示。在"透镜类型"下拉列表中的透镜上单击鼠标左键，可以选择需要的透镜。选择不同的透镜，再进行参数的设定，可以制作出不同的透镜效果。

图8-203

图8-204

课堂练习——制作电脑吊牌

【**练习知识要点**】使用封套工具制作宣传文字效果，使用文本工具输入其他文字，使用封套工具制作文字封套效果，效果如图8-205所示。

【**素材所在位置**】Ch08/素材/制作电脑吊牌/01。

【**效果所在位置**】Ch08/效果/制作电脑吊牌.cdr。

图8-205

课后习题——制作美食代金券

【**习题知识要点**】使用矩形工具、贝塞尔工具和图框精确剪裁命令绘制背景效果，使用透明度工具制作图形的不透明度效果，使用椭圆形和造型命令制作云图形，使用文本工具、转换为曲线命令和形状工具制作宣传文字，效果如图8-206所示。

【**素材所在位置**】Ch08/素材/制作美食代金券/01~04。

【**效果所在位置**】Ch08/效果/制作美食代金券.cdr。

图8-206

第 *9* 章

商业案例实训

本章介绍

　　本章根据商业设计项目的真实情境来讲解如何利用所学知识完成商业设计项目。通过多个商业设计项目案例的演练，使读者进一步牢固掌握CorelDRAW X7的强大操作功能和使用技巧，并应用所学技能制作出专业的商业设计作品。

学习目标

◆ 掌握软件功能的使用方法。

◆ 了解CorelDRAW的常用设计领域。

◆ 掌握CorelDRAW在不同设计领域的使用技巧。

技能目标

◆ 掌握海报设计——音乐演唱会海报的制作方法。

◆ 掌握宣传单设计——舞蹈宣传单的制作方法。

◆ 掌握广告设计——房地产广告的制作方法。

◆ 掌握杂志设计——时尚杂志封面的制作方法。

◆ 掌握书籍封面设计——旅游书籍封面的制作方法。

◆ 掌握包装设计——牛奶包装的制作方法。

9.1 海报设计——制作音乐演唱会海报

9.1.1 项目背景及要求

1. 客户名称

新月音乐有限公司。

2. 客户需求

新月音乐有限公司是一家涉及音乐演出、唱片出版、音乐制作、版权代理及无线运营等业务的音乐工作室，现公司为即将推出的专辑举办专场演唱会，需要制作演唱会海报。海报设计要围绕专辑主题，注重专辑内涵的表现。

3. 设计要求

（1）海报设计突出新月工作室特点。

（2）色彩搭配体现晕染效果，画面表现梦幻唯美。

（3）整体风格简单大气。

（4）通过独特的设计风格来吸引粉丝及音乐爱好者的注意。

（5）设计规格均为210mm（宽）×297mm（高），分辨率为300 dpi。

9.1.2 项目创意及制作

1. 素材资源

图片素材所在位置：本书学习资源中的"Ch09/素材/制作音乐演唱会海报/01"。

文字素材所在位置：本书学习资源中的"Ch09/素材/制作音乐演唱会海报/文字文档"。

2. 设计作品

设计作品参考效果所在位置：本书学习资源中的"Ch09/效果/制作音乐演唱会海报.cdr"，效果如图9-1所示。

3. 制作要点

使用文本工具、文本属性面板添加并编辑宣传性文字，使用文本工具、形状工具编辑文字锚点，使用封套工具、直线模式按钮制作文字变形，使用贝塞尔工具、合并命令制作文字结合效果。

图9-1

9.1.3 案例制作及步骤

1. 添加并编辑宣传文字

（1）按Ctrl+N组合键，新建一个A4页面。选择"视图 > 显示 > 出血"命令，显示出血线。按Ctrl+I组合键，弹出"导入"对话框，选择本书学习资源中的"Ch09 > 素材 > 制作音乐演唱会海报 > 01"文件，单击"导入"按钮，在页面中单击导入图片，如图9-2所示。按P键，图片在页面中居中对齐，效果如图9-3所示。

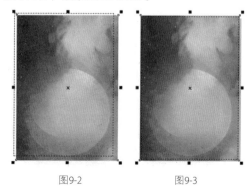

图9-2　　　　　　图9-3

（2）选择"文本"工具，在页面中输入

需要的文字，选择"选择"工具，在属性栏中选取适当的字体并设置文字大小，效果如图9-4所示。设置文字颜色的CMYK值为100、98、52、7，填充文字，效果如图9-5所示。

图9-4   图9-5

（3）选择"文本 > 文本属性"命令，在弹出的"文本属性"面板中进行设置，如图9-6所示；按Enter键，效果如图9-7所示。

图9-6   图9-7

（4）选择"文本"工具，在适当的位置分别输入需要的文字，选择"选择"工具，在属性栏中分别选取适当的字体并设置文字大小，效果如图9-8所示。将输入的文字同时选取，设置文字颜色的CMYK值为100、98、52、7，填充文字，效果如图9-9所示。

图9-8   图9-9

（5）选择"文本"工具，选取文字"演唱

会"，在属性栏中选取适当的字体，效果如图9-10所示。选择"选择"工具，在属性栏中单击"文本对齐"按钮，在弹出的下拉列表中选择"居中"命令，如图9-11所示，文字对齐效果如图9-12所示。

图9-10   图9-11

图9-12

（6）选择"文本"工具，在适当的位置分别输入需要的文字，选择"选择"工具，在属性栏中分别选取适当的字体并设置文字大小，效果如图9-13所示。选取上方的文字，设置文字颜色的CMYK值为100、98、52、7，填充文字，效果如图9-14所示。

图9-13

图9-14

（7）选择"选择"工具，选取下方的文字，填充文字为白色，效果如图9-15所示。按住Shift键的同时，选取需要的文字，在属性栏中单击"文本对齐"按钮，在弹出的下拉列表中选择"居中"命令，文字对齐效果如图9-16所示。

图9-15

图9-16

2．制作演唱会标志

（1）选择"文本"工具，在页面外分别输入需要的文字，选择"选择"工具，在属性栏中分别选取适当的字体并设置文字大小，效果如图9-17所示。选择"形状"工具，选取文字"新月音乐"，向左拖曳文字下方的图标，调整文字的间距，效果如图9-18所示。

图9-17 　　　　　　　　图9-18

（2）选择"选择"工具，按Ctrl+K组合键，将文字进行拆分，拆分完成后"新"字呈选中状态，如图9-19所示。按Ctrl+Q组合键，将文字转化为曲线。选择"形状"工具，按住Shift键的同时，选取需要的节点，如图9-20所示。垂直向下拖曳节点到适当的位置，效果如图9-21所示。

图9-19

图9-20　　　　　　　　图9-21

（3）选择"形状"工具，在适当的位置分别双击鼠标左键添加2个节点，如图9-22所示。选取左下角的节点，按Delete键，将其删除，效果如图9-23所示。

图9-22　　　　　　　图9-23

（4）放大显示比例。选择"形状"工具，按住Shift键的同时，选取需要的节点，在属性栏中单击"转换为曲线"按钮，节点上出现控制线，如图9-24所示。选取下方的锚点，拖曳控制线到适当的位置，如图9-25所示。选取左侧的锚点，拖曳控制线到适当的位置，如图9-26所示。

图9-24

图9-25 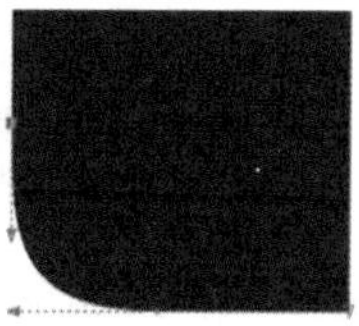　　　　　　　图9-26

（5）选择"贝塞尔"工具，在适当的位置绘制一个不规则图形，如图9-27所示。选择"封套"工具，选取文字"XINYUE YINYUE"，编辑状态如图9-28所示。在属性栏中单击"直线模式"按钮，拖曳文字左下角的节点到适当的位置，文字变形效果如图9-29所示。

图9-27

图9-28　　　　　　　图9-29

（6）选择"选择"工具，按住Shift键的同时，单击不规则图形将其同时选取，如图9-30所示。单击属性栏中的"合并"按钮，合并图形，并填充图形为黑色，去除图形的轮廓线，效果如图9-31所示。

图9-30   图9-31

（7）选择"选择"工具，用圈选的方法将图形和文字全部选取，按Ctrl+G组合键，将其群组。拖曳群组图形到页面中适当的位置，并填充图形为白色，效果如图9-32所示。

图9-32

（8）选择"文本"工具，在适当的位置分别输入需要的文字，选择"选择"工具，在属性栏中分别选取适当的字体并设置文字大小，效果如图9-33所示。

图9-33

（9）选择"选择"工具，选取文字"咕半"，选择"文本属性"面板，选项的设置如图9-34所示，按Enter键，效果如图9-35所示。选取文字"在"，按Ctrl+Q组合键，将文字转化为曲线，如图9-36所示。

图9-34

图9-35   图9-36

（10）选择"形状"工具，圈选需要的节点，如图9-37所示。按住Shift键的同时，垂直向下拖曳节点到适当的位置，效果如图9-38所示。音乐演唱会海报制作完成，效果如图9-39所示。

图9-37   图9-38

图9-39

课堂练习1——制作手机海报

练习1.1 项目背景及要求

1. 客户名称

拍照手机专营店。

2. 客户需求

拍照手机专营店是一家专卖拍照手机的卖场。该手机专营店最近推出了手机促销活动，需要制作一张海报，要求能够适用于街头派发、橱窗及公告栏展示。海报要求内容丰富，重点宣传此次优惠活动。

3. 设计要求

（1）内容突出，重点宣传此次优惠活动。

（2）添加手机形象，与文字一起构成丰富的画面。

（3）主次分明，对文字进行具有特色的设计，使消费者快速了解优惠信息。

（4）画面对比感要强烈，能迅速吸引人们注意。

（5）设计规格均为210mm（宽）×297mm（高），分辨率为300 dpi。

练习1.2 项目创意及制作

1. 素材资源

图片素材所在位置： 本书学习资源中的"Ch09/素材/制作手机海报/01~03"。

文字素材所在位置： 本书学习资源中的"Ch09/素材/制作手机海报/文字文档"。

2. 作品参考

设计作品参考效果所在位置： 本书学习资源中的"Ch09/效果/制作手机海报.cdr"，效果如图9-40所示。

3. 制作要点

使用钢笔工具和图框精确剪裁命令制作背景效果，使用文本工具、贝塞尔工具、形状工具和编辑锚点按钮制作宣传文字，使用转换为位图命令制作文字的背景效果，使用轮廓图工具制作文字的立体效果，使用导入命令导入产品图片。

图9-40

练习2.1　项目背景及要求

1. 客户名称

法克传媒。

2. 客户需求

法克传媒是一家投资及运营电影、电视剧、艺人经纪、唱片、娱乐及公益活动等的传媒公司。目前重阳佳节在即，公司即将举办以"重阳节"为主题的公益活动。现要求制作一张海报用于宣传，要求海报制作清新淡雅。

3. 设计要求

（1）海报具有古典风格。

（2）整个海报形式以水墨画表现，独具特色。

（3）重点宣传本次活动，内容详细，突出表现重点内容。

（4）色彩清新淡雅，通过图像与文字的结合体现出重阳佳节源远流长的特点。

（5）设计规格均为210mm（宽）×297mm（高），分辨率为300 dpi。

练习2.2　项目创意及制作

1. 素材资源

图片素材所在位置：本书学习资源中的"Ch09/素材/制作重阳节海报/01~04"。

文字素材所在位置：本书学习资源中的"Ch09/素材/制作重阳节海报/文字文档"。

2. 作品参考

设计作品参考效果所在位置：本书学习资源中的"Ch09/效果/制作重阳节海报.cdr"，效果如图9-41所示。

图9-41

3. 制作要点

使用导入命令、透明度工具和图框精确剪裁命令制作背景效果，使用贝塞尔工具、文本工具、合并命令制作印章，使用文本工具添加介绍文字。

课后习题1——制作招聘海报

习题1.1 项目背景及要求

1. 客户名称

中国南北文化出版社。

2. 客户需求

中国南北文化出版社是一家为广大读者及出版界提供品种丰富、文化含量高的优质图书的出版社。出版社目前要招聘青春文学部门编辑，需要制作招聘海报，用于橱窗公告栏展示及网站展示。

3. 设计要求

（1）色彩丰富，吸引视线。

（2）运用色块，与文字一起构成丰富的画面。

（3）表现本部门风趣、活泼的风格，色彩鲜艳，给人以热闹的视觉信息。

（4）将文字进行具有特色的排列，使人们快速了解招聘信息。

（5）设计规格均为210mm（宽）×297mm（高），分辨率为300 dpi。

习题1.2 项目创意及制作

1. 素材资源

文字素材所在位置：本书学习资源中的"Ch09/素材/制作招聘海报/文字文档"。

2. 作品参考

设计作品参考效果所在位置：
本书学习资源中的"Ch09/效果/制作招聘海报.cdr"，效果如图9-42所示。

3. 制作要点

使用矩形工具、轮廓图工具和图框精确剪裁命令制作背景效果，使用文本工具和文本属性泊坞窗添加宣传文字，使用贝塞尔工具绘制装饰图形。

图9-42

课后习题2——制作双11海报

习题2.1 项目背景及要求

1. 客户名称

乐游乐时尚购物。

2. 客户需求

乐游乐时尚购物是一家品牌服饰专卖店，在双11到来之际，乐游乐时尚购物推出"7天折扣"的活动，需要针对本次活动制作一款海报。海报要求将本次活动内容表现清楚明了，并且能够让人感到耳目一新。

3. 设计要求

（1）色彩丰富，能吸引人们的视线。

（2）海报的风格能够让人感受到清凉、舒适。

（3）标题设计醒目，能够快速吸引大众的视线。

（4）海报的色彩丰富明艳，能够增强画面的视觉效果。

（5）设计规格均为210mm（宽）×297mm（高），分辨率为300 dpi。

习题2.2 项目创意及制作

1. 素材资源

图片素材所在位置： 本书学习资源中的"Ch09/素材/制作双11海报/01"。

文字素材所在位置： 本书学习资源中的"Ch09/素材/制作双11海报/文字文档"。

2. 作品参考

设计作品参考效果所在位置：
本书学习资源中的"Ch09/效果/制作双11海报.cdr"，效果如图9-43所示。

3. 制作要点

使用导入命令导入素材文件，使用文本工具、阴影工具制作标题文字，使用矩形工具、移除前面对象按钮制作装饰框，使用转换为位图命令、高斯式模糊命令制作装饰框阴影效果，使用矩形工具、倒棱角按钮、文本工具和合并命令制作抢购标签，使用文本工具添加其他相关信息。

图9-43

9.2　宣传单设计——制作舞蹈宣传单

9.2.1　项目背景及要求

1．客户名称

文晓羲舞蹈学院。

2．客户需求

文晓羲舞蹈学院是一所开展专业舞蹈教育的院校，学校下设古典舞系、民族民间舞系、芭蕾舞系、编导系、舞蹈学系、社会舞蹈系及舞蹈考级等教学单位。现寒假将至，特开设寒假培训班，要求为此设计宣传海报。海报的语言要求简明扼要，形式要做到新颖美观，突出宣传点。

3．设计要求

（1）要求海报将活动的性质、内容及形式进行明确的介绍。

（2）画面要求突出活动标题、图形，使用浅色背景，衬托宣传内容。

（3）海报内容全面详细，版面丰富，富有变化。

（4）信息提炼明确，抓住宣传要点。

（5）设计规格均为210mm（宽）×297mm（高），分辨率为300 dpi。

9.2.2　项目创意及制作

1．素材资源

图片素材所在位置：本书学习资源中的"Ch09/素材/制作舞蹈宣传单/01~03"。

文字素材所在位置：本书学习资源中的"Ch09/素材/制作舞蹈宣传单/文字文档"。

2．设计作品

设计作品参考效果所在位置：本书学习资源中的"Ch09/效果/制作舞蹈宣传单.cdr"，效果如图9-44所示。

图9-44

3．制作要点

使用矩形工具、导入命令制作底图，使用快速描摹命令将位图转换为矢量图，使用矩形工具和形状工具绘制装饰图形，使用矩形工具、文本工具、合并按钮添加宣传性文字。

9.2.3　案例制作及步骤

1．添加并编辑标题文字

（1）按Ctrl+N组合键，新建一个A4页面。双击"矩形"工具▢，绘制一个与页面大小相等的矩形，设置图形颜色的CMYK值为0、22、10、0，填充图形，并去除图形的轮廓线，效果如图9-45所示。

（2）按Ctrl+I组合键，弹出"导入"对话框，选择本书学习资源中的"Ch09 > 素材 > 制作舞蹈宣传单 > 01、02"文件，单击"导入"按钮，在页面中分别单击导入图片，并分别将其拖曳到适当的位置，效果如图9-46所示。

图9-45　　　　　　　　图9-46

（3）选择"选择"工具，按住Shift键的同时，选取导入的图片，按Ctrl+PageDown组合键，将图片向后移一层，效果如图9-47所示。

（4）选择"对象>图框精确剪裁>置于图文框内部"命令，鼠标的光标变为黑色箭头形状，在矩形上单击鼠标左键，如图9-48所示。将图片置入矩形，效果如图9-49所示。

（5）按Ctrl+I组合键，弹出"导入"对话框，选择本书学习资源中的"Ch09>素材>制作舞蹈宣传单>03"文件，单击"导入"按钮，在页面中单击导入图片，并将其拖曳到适当的位置，效果如图9-50所示。

（6）选择"位图>快速描摹"命令，将位图转换为矢量对象，效果如图9-51所示。选择"选择"工具，选取下方的位图，按Delete键将其删除，效果如图9-52所示。

图9-51　　　　　　　　图9-52

（7）选择"贝塞尔"工具，在适当的位置绘制一个不规则图形，如图9-53所示。选择"选择"工具，按住Shift键的同时，单击下方文字将其同时选取，单击属性栏中的"合并"按钮，合并图形，效果如图9-54所示。设置文字颜色的CMYK值为13、73、60、0，填充文字，效果如图9-55所示。

图9-53　　　　　　　　图9-54

图9-47　　　　　　　　图9-48

图9-49　　　　　　　　图9-50

图9-55

（8）选择"文本"工具 ，单击属性栏中的"将文本更改为垂直方向"按钮 ，在适当的位置输入需要的文字，选择"选择"工具 ，在属性栏中选取适当的字体并设置文字大小，效果如图9-56所示。设置文字颜色的CMYK值为13、73、60、0，填充文字，效果如图9-57所示。

图9-56　　　　　　　　　　图9-57

（9）选择"文本 > 文本属性"命令，在弹出的"文本属性"面板中进行设置，如图9-58所示；按Enter键，效果如图9-59所示。

图9-58　　　　　　　　　　图9-59

（10）按Ctrl+K组合键，将文字进行拆分，拆分完成后"蹈"字呈选中状态，如图9-60所示。选择"选择"工具 ，选取文字"人"，分别拖曳控制手柄调整文字大小，效果如图9-61所示。

图9-60　　　　　　　　　　图9-61

2．添加宣传性文字

（1）选择"矩形"工具 ，在适当的位置拖曳光标绘制一个矩形，如图9-62所示。设置轮廓线颜色的CMYK值为13、73、60、0，填充轮廓线，效果如图9-63所示。

图9-62　　　　　　　　　　图9-63

（2）选择"文本"工具 ，在适当的位置输入需要的文字，选择"选择"工具 ，在属性栏中选取适当的字体并设置文字大小。设置文字颜色的CMYK值为13、73、60、0，填充文字，效果如图9-64所示。

图9-64

（3）选择"文本"工具 ，单击属性栏中的"将文本更改为水平方向"按钮 ，在适当的位置分别输入需要的文字。选择"选择"工具 ，在属性栏中分别选取适当的字体并设置文字大小，效果如图9-65所示。将输入的文字同时选取，设置文字颜色的CMYK值为13、73、60、0，填充文字，效果如图9-66所示。

（4）选择"矩形"工具 ▢，在适当的位置拖曳光标绘制一个矩形，如图9-67所示。按Ctrl+Q组合键，将图形转换为曲线。

图9-65 　　　　　　图9-66

图9-67

（5）选择"形状"工具 ，在适当的位置分别双击鼠标添加节点，如图9-68所示。选取中间的线段，按Delete键将其删除，效果如图9-69所示。使用相同方法分别添加其他节点，并删除相应的线段，效果如图9-70所示。

图9-68 　　　　　　图9-69

图9-70

（6）选择"手绘"工具 ，按住Ctrl键的同时，在适当的位置绘制一条直线，如图9-71所示。按数字键盘上的+键，复制直线。选择"选择"工具 ，按住Shift键的同时，垂直向下拖曳复制的直线到适当的位置，效果如图9-72所示。连续按Ctrl+D组合键，按需要再复制直线，效果如图9-73所示。

（7）选择"选择"工具 ，用圈选的方法将所绘制的直线全部选取，按Ctrl+G组合键，将其群组。按数字键盘上的+键，复制群组直线。向下拖曳群组直线到适当的位置，效果如图9-74所示。

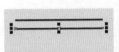

图9-71 　　　　　　图9-72

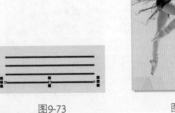

图9-73 　　　　　　图9-74

（8）选择"文本"工具 🔠，在适当的位置输入需要的文字，选择"选择"工具 🔘，在属性栏中选取适当的字体并设置文字大小，效果如图9-75所示。选择"形状"工具 🔘，向左拖曳文字下方的 ⬛图标，调整文字间距，效果如图9-76所示。

图9-75　　　　　　图9-76

（9）选择"矩形"工具 🔲，在适当的位置分别拖曳光标绘制矩形，如图9-77所示。选择"文本"工具 🔠，在适当的位置分别输入需要的文字，选择"选择"工具 🔘，在属性栏中分别选取适当的字体并设置文字大小，效果如图9-78所示。

图9-77　　　　　　图9-78

（10）选择"选择"工具 🔘，按住Shift键的同时，选取需要的矩形，如图9-79所示。按数字键盘上的+键，复制矩形。按住Shift键的同时，垂直向下拖曳复制的矩形到适当的位置，效果如图9-80所示。

图9-79　　　　　　图9-80

（11）选择"文本"工具 🔠，选取并重新更改文字，效果如图9-81所示。选择"选择"工具 🔘，用圈选的方法将图形和文字全部选取，如图

9-82所示，单击属性栏中的"合并"按钮 🔳，合并图形，效果如图9-83所示。

图9-81　　　　　　图9-82

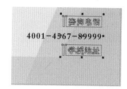

图9-83

（12）设置图形颜色的CMYK值为13、73、60、0，填充文字，效果如图9-84所示。选择"文本"工具 🔠，在适当的位置输入需要的文字，选择"选择"工具 🔘，在属性栏中选取适当的字体并设置文字大小，效果如图9-85所示。舞蹈宣传单制作完成，效果如图9-86所示。

图9-84　　　　　　图9-85

图9-86

练习1.1 项目背景及要求

1. 客户名称

华士电子科技有限公司。

2. 客户需求

华士电子科技有限公司是一家生产、销售电子家用电器的民营科技公司，华士的产品覆盖电饭煲、微波炉、吸油烟机等家用电器。目前公司为双十一促销活动做准备，为宣传其产品，需要制作一款宣传单，宣传单要求时尚并富有活力。

3. 设计要求

（1）宣传单制作要求突出双十一大折扣的特色进行宣传介绍。

（2）画面要求具有青春时尚的活力元素，能够吸引消费者关注。

（3）文字设计要求具有立体感，色彩艳丽丰富。

（4）以家电图像作为宣传单的视觉焦点，达到宣传效果。

（5）设计规格均为300mm（宽）×200mm（高），分辨率为300 dpi。

练习1.2 项目创意及制作

1. 素材资源

图片素材所在位置： 本书学习资源中的"Ch09/素材/制作家电宣传单/01、02"。

文字素材所在位置： 本书学习资源中的"Ch09/素材/制作家电宣传单/文字文档"。

2. 作品参考

设计作品参考效果所在位置： 本书学习资源中的"Ch09/效果/制作家电宣传单.cdr"，效果如图9-87所示。

3. 制作要点

使用文本工具、转换为曲线命令和形状工具添加和编辑宣传语，使用渐变工具、阴影工具和轮廓图工具制作宣传语文字的立体效果，使用矩形工具、贝塞尔工具和文本工具添加其他内容文字。

图9-87

课堂练习2——制作化妆品宣传单

练习2.1 项目背景及要求

1. 客户名称

优莎化妆品有限公司。

2. 客户需求

优莎化妆品有限公司是一家专门经营女性高档化妆品的公司。在盛夏到来之际，公司现进行促销活动，需要制作一幅针对此次优惠活动的宣传单，要求针对促销宣传重点进行设计，达到宣传的目的。

3. 设计要求

（1）宣传单的背景使用纯色，能够突出宣传重点。

（2）折扣信息要精心设计，能够吸引消费者的关注。

（3）促销产品要排列有序，使画面看上去整齐有序。

（4）色彩搭配舒适，图文编排合理，使画面看上去丰富饱满。

（5）设计规格均为210mm（宽）×297mm（高），分辨率为300 dpi。

练习2.2 项目创意及制作

1. 素材资源

图片素材所在位置： 本书学习资源中的"Ch09/素材/制作化妆品宣传单/01~05"。

文字素材所在位置： 本书学习资源中的"Ch09/素材/制作化妆品宣传单/文字文档"。

2. 作品参考

设计作品参考效果所在位置： 本书学习资源中的"Ch09/效果/制作化妆品宣传单.cdr"，效果如图9-88所示。

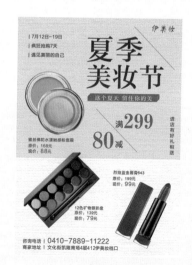

3. 制作要点

使用导入命令导入素材图片，使用文本工具、文本属性面板添加宣传文字，使用矩形工具、文本工具、合并按钮制作镂空文字。

图9-88

习题1.1 项目背景及要求

1. 客户名称

尚佳怡百货商场。

2. 客户需求

尚佳怡百货商场在开学季特举办文具促销活动，要求设计文具品促销宣传单，能够适用于街头派发、橱窗及公告栏展示。宣传单以开学季为主题，要求内容表现出开学季文具用品种类繁多的特色。

3. 设计要求

（1）宣传单内容突出开学季的主题，形式丰富多样。

（2）画面中要包括书包、文具等具有开学季特色的相关元素。

（3）广告的色彩搭配丰富，烘托出开学季气象一新的感觉。

（4）进行设计主题文字，与整个画面和谐统一。

（5）设计规格均为210mm（宽）×297mm（高），分辨率为300 dpi。

习题1.2 项目创意及制作

1. 素材资源

图片素材所在位置： 本书学习资源中的"Ch09/素材/制作文具品宣传单/01、02"。

文字素材所在位置： 本书学习资源中的"Ch09/素材/制作文具品宣传单/文字文档"。

2. 作品参考

设计作品参考效果所在位置： 本书学习资源中的"Ch09/效果/制作文具品宣传单.cdr"，效果如图9-89所示。

3. 制作要点

使用文本工具、形状工具、矩形工具和填充工具制作标题文字，使用轮廓图工具为文字添加轮廓效果，使用文本工具添加其他宣传性文字。

图9-89

课后习题2——制作糕点宣传单

习题2.1 项目背景及要求

1. 客户名称

意朵优品面包房。

2. 客户需求

意朵优品面包房是一家主要经营蛋糕、点心、饮品等餐饮的糕点房，目前已经营业两周年了，为了回馈广大顾客，特举办两周年店庆活动，届时本店餐饮均有优惠活动，要求根据本店特色制作活动宣传单。

3. 设计要求

（1）宣传单风格时尚可爱，符合年轻人的审美取向。

（2）设计突出新品及折扣回馈的特点。

（3）色彩柔和淡雅，整体色调优雅，具有餐厅的特色。

（4）宣传单形式简洁大方，图文搭配合理。

（5）设计规格均为210mm（宽）×285mm（高），分辨率为300 dpi。

习题2.2 项目创意及制作

1. 素材资源

图片素材所在位置：本书学习资源中的"Ch09/素材/制作糕点宣传单/01~07"。

文字素材所在位置：本书学习资源中的"Ch09/素材/制作糕点宣传单/文字文档"。

2. 作品参考

设计作品参考效果所在位置：本书学习资源中的"Ch09/效果/制作糕点宣传单.cdr"，效果如图9-90所示。

3. 制作要点

使用矩形工具、贝塞尔工具和图框精确剪裁命令制作底图，使用星形工具、椭圆形工具、修改命令和文字工具制作标志图形，使用矩形工具、图框精确剪裁、星形工具和贝塞尔工具制作糕点宣传栏。

图9-90

9.3 广告设计——制作房地产广告

9.3.1 项目背景及要求

1. 客户名称

金利达房地产开发有限公司。

2. 客户需求

金利达房地产开发有限公司的经营范围包括房地产开发经营、房地产营销策划及信息咨询服务，设计制作的房地产宣传单作为大量派发之用，适合用于展会、巡展、街头派发。宣传单的内容要求较简单，有效地表达出海景房这个大卖点，以第一时间吸引客户的注意。

3. 设计要求

（1）设计风格清新淡雅，主题突出，明确市场定位。

（2）突出对住宅的宣传，并传达出公司的品质与理念。

（3）设计要求简单大气，图文编排合理并且具有特色。

（4）以真实简洁的方式向观者传达信息内容。

（5）设计规格均为210mm（宽）×285mm（高），分辨率为300 dpi。

9.3.2 项目创意及制作

1. 素材资源

图片素材所在位置： 本书学习资源中的"Ch09/素材/制作房地产广告/01~03"。

文字素材所在位置： 本书学习资源中的"Ch09/素材/制作房地产广告/文字文档"。

2. 设计作品

设计作品参考效果所在位置： 本书学习资源中的"Ch09/效果/制作房地产广告.cdr"，效果如图9-91所示。

图9-91

3. 制作要点

使用矩形工具、旋转命令、复制命令和图框精确剪裁命令制作背景效果，使用导入命令导入需要的图片，使用贝塞尔工具和旋转复制命令制作放射图形，使用文本工具、对象属性泊坞窗和轮廓图工具添加文字信息。

9.3.3 案例制作及步骤

1. 制作背景效果

（1）按Ctrl+N组合键，新建一个文件。在属性栏的"页面度量"选项中将"宽度"选项设为210mm，"高度"选项设为285mm，按Enter键，页面显示为设置的大小。双击"矩形"工具▢，绘制一个与页面大小相等的矩形，设置图形颜色的CMYK值为100、65、36、0，填充图形，并去除图形的轮廓线，效果如图9-92所示。

（2）再绘制一个矩形，如图9-93所示。在属性栏的"旋转角度" ⊙⌷ 框中设置数值为135，按Enter键，效果如图9-94所示。选择"选择"工具▷，按住Shift键的同时，拖曳图形到适当的位置并单击鼠标右键，复制图形，效果如图9-95所示。

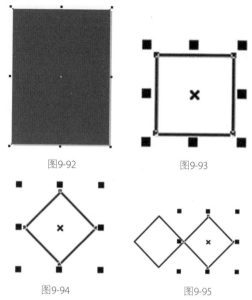

图9-92　　　　　　　图9-93

图9-94　　　　　　　图9-95

（3）连续按Ctrl+D组合键，复制多个矩形，如图9-96所示。用圈选的方法将需要的图形同时选取，按住Shift键的同时，拖曳图形到适当的位置并单击鼠标右键，复制图形，效果如图9-97所示。

图9-96　　　　　　　图9-97

（4）连续按Ctrl+D组合键，复制多个矩形，如图9-98所示。用圈选的方法将需要的图形同时选取，按Ctrl+G组合键，群组图形，如图9-99所示。

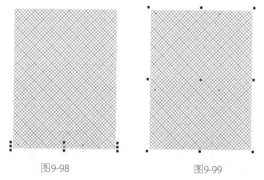

图9-98　　　　　　　图9-99

（5）设置图形颜色的CMYK值为95、100、51、22，填充图形，并去除图形的轮廓线，效果如图9-100所示。选择"选择"工具，将图形拖曳到适当的位置，如图9-101所示。选择"对

象 > 图框精确剪裁 > 置入图文框内部"命令，鼠标光标变为黑色箭头形状，在矩形上单击鼠标，将图形置入矩形，效果如图9-102所示。

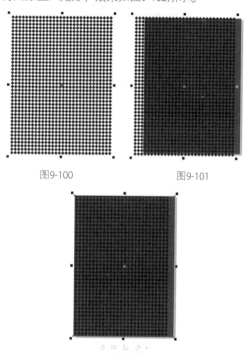

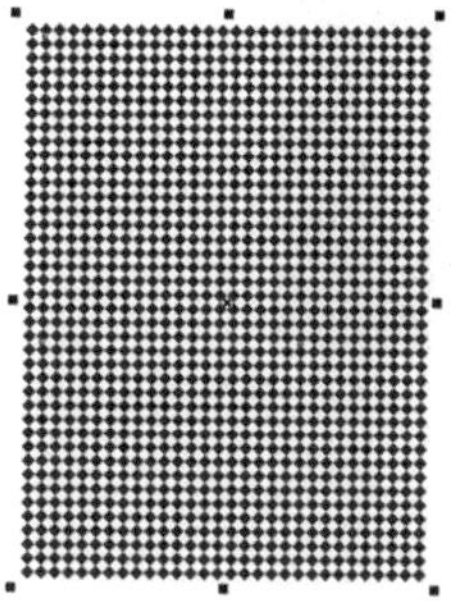

图9-100　　　　　　　图9-101

图9-102

（6）选择"对象 > 图框精确剪裁 > 提取内容"命令，进入编辑状态，将图形拖曳到适当的位置，如图9-103所示。选择"对象 > 图框精确剪裁 > 结束编辑"命令，结束编辑状态，如图9-104所示。选择"矩形"工具，绘制一个矩形，设置图形颜色的CMYK值为95、100、51、22，填充图形，并去除图形的轮廓线，效果如图9-105所示。

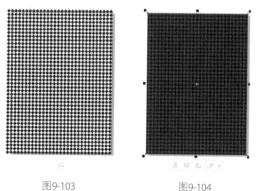

图9-103　　　　　　　图9-104

图9-105

（7）选择"矩形"工具□，绘制一个矩形，如图9-106所示。单击属性栏中的"转换为曲线"按钮↗，将矩形转换为曲线，如图9-107所示。选择"形状"工具↖，选取并删除不需要的节点，再调整其他节点，如图9-108所示。设置图形颜色的CMYK值为2、5、22、0，填充图形，并去除图形的轮廓线，效果如图9-109所示。

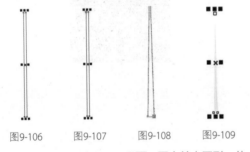

| 图9-106 | 图9-107 | 图9-108 | 图9-109 |

（8）选择"选择"工具↖，再次单击图形，使其处于旋转状态，将旋转中心拖曳到适当的位置，如图9-110所示。按数字键盘上的+键，复制图形。在属性栏的"旋转角度" ⊙ 框中设置数值为6.8，按Enter键，效果如图9-111所示。连续按Ctrl+D组合键，复制多个图形，效果如图9-112所示。

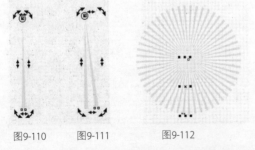

| 图9-110 | 图9-111 | 图9-112 |

（9）选择"选择"工具↖，用圈选的方法将

需要的图形同时选取，按Ctrl+G组合键，群组图形，如图9-113所示。分别拖曳控制手柄到适当的位置，效果如图9-114所示。

| 图9-113 | 图9-114 |

（10）选择"椭圆形"工具○，在适当的位置绘制椭圆形，设置图形颜色的CMYK值为7、15、28、0，填充图形，并去除图形的轮廓线，效果如图9-115所示。选择"选择"工具↖，将需要的图形拖曳到适当的位置，效果如图9-116所示。

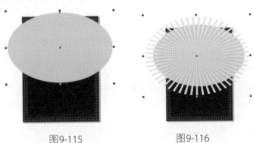

| 图9-115 | 图9-116 |

（11）选择"对象 > 图框精确剪裁 > 置入图文框内部"命令，鼠标光标变为黑色箭头形状，在椭圆形上单击鼠标，如图9-117所示，将图形置入椭圆形，效果如图9-118所示。

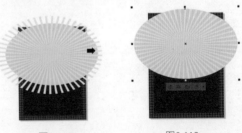

| 图9-117 | 图9-118 |

（12）选择"矩形"工具□，绘制一个矩形，如图9-119所示。选择"对象 > 图框精确剪裁 > 置入图文框内部"命令，鼠标光标变

为黑色箭头形状，在矩形上单击鼠标，将图形置入矩形，并去除图形的轮廓线，效果如图9-120所示。

图9-119　　　　　　图9-120

（13）按Ctrl+I组合键，弹出"导入"对话框，打开本书学习资源中的"Ch09 > 素材 > 制作房地产广告 > 01、02"文件，单击"导入"按钮，在页面中单击导入图片，选择"选择"工具，将其拖曳到适当的位置并调整大小，效果如图9-121、图9-122所示。

图9-121　　　　　　图9-122

2. 制作主体文字和其他信息

（1）选择"文本"工具，在页面中分别输入需要的文字，选择"选择"工具，在属性栏中分别选取适当的字体并设置文字大小，如图9-123所示。按住Shift键的同时，选取需要的文字，设置文字颜色的CMYK值为0、100、100、10，填充文字，效果如图9-124所示。按住Shift键的同时，选取需要的文字，设置文字颜色的CMYK值为38、64、92、0，填充文字，效果如图9-125所示。

图9-123　　　　图9-124　　　　图9-125

（2）按住Shift键的同时，选取需要的文字，按Alt+Enter组合键，弹出"对象属性"泊坞窗，单击"段落"按钮，弹出相应的泊坞窗，选项的设置如图9-126所示，按Enter键，文字效果如图9-127所示。

图9-126　　　　　　图9-127

（3）选择"选择"工具，选取需要的文字。选择"轮廓图"工具，在属性栏中单击"外部轮廓"按钮，将"填充色"选项的CMYK值设置为2、5、22、0，其他选项的设置如图9-128所示，按Enter键，效果如图9-129所示。

图9-128　　　　　　图9-129

（4）用相同的方法制作其他文字的轮廓图效果，如图9-130所示。选择"矩形"工具，绘制一个矩形，设置图形颜色的CMYK值为95、100、51、22，填充图形，并去除图形的轮廓线，效果如图9-131所示。

图9-130　　　　　　图9-131

（5）选择"文本"工具，在页面中输入需要的文字，选择"选择"工具，在属性栏中选取适当的字体并设置文字大小，填充文字为白色，如图9-132所示。在"对象属性"泊坞窗中选项的设置如图9-133所示，按Enter键，文字效果如图9-134所示。

图9-132　　　　　　　图9-133

图9-134

（6）选择"选择"工具，用圈选的方法将需要的图形同时选取，在属性栏的"旋转角度"框中设置数值为25.7，按Enter键，效果如图9-135所示。按Ctrl+I组合键，弹出"导入"对话框，打开本书学习资源中的"Ch09 > 素材 > 制作房地产广告 > 03"文件，单击"导入"按钮，在页面中单击导入图片，选择"选择"工具，将其拖曳到适当的位置并调整大小，效果如图9-136所示。

图9-135　　　　　　　图9-136

（7）选择"贝塞尔"工具，绘制一个图形，设置图形颜色的CMYK值为0、100、100、10，填充图形，如图9-137所示。用相同的方法绘制另一个图形，并填充相同的颜色，效果如图9-138所示。

图9-137　　　　　　　图9-138

（8）按Ctrl+PageDown组合键，后移图形，如图9-139所示。选择"选择"工具，将图形拖曳到适当的位置并单击鼠标右键，复制图形，如图9-140所示。

图9-139　　　　　　　图9-140

（9）保持图形的选取状态，单击属性栏中的"水平镜像"按钮，水平翻转图形，效果如图9-141所示。连续按Ctrl+PageDown组合键，后移图形，如图9-142所示。用相同的方法制作其他图形，效果如图9-143所示。

图9-141　　　　　　　图9-142

图9-143

（10）选择"选择"工具，用圈选的方法将需要的图形同时选取。按F12键，弹出"轮廓笔"对话框，将"颜色"选项的CMYK值设置为95、100、51、22，其他选项的设置如图9-144所示，单击"确定"按钮，效果如图9-145所示。

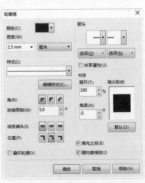

图9-144

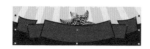

图9-145

（11）选择“贝塞尔”工具，绘制两个图形，设置图形颜色的CMYK值为95、100、51、22，填充图形，并去除图形的轮廓线，效果如图9-146所示。选择“选择”工具，用圈选的方法将需要的图形同时选取，如图9-147所示。

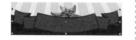

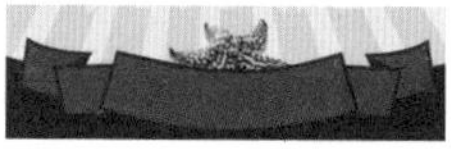

图9-146

图9-147

（12）按数字键盘上的+键，复制图形，并去除图形的轮廓线。单击属性栏中的“合并”按钮，合并图形，效果如图9-148所示。选择“轮廓图”工具，在属性栏中单击“外部轮廓”按钮，将“填充色”选项的CMYK值设置为2、5、22、0，其他选项的设置如图9-149所示，按Enter键，效果如图9-150所示。连续按Ctrl+PageDown组合键，后移图形，效果如图9-151所示。

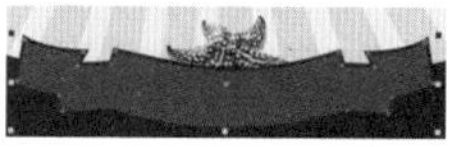

图9-148

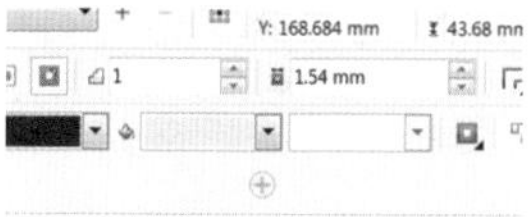
Y: 168.684 mm
43.68 mm
1
1.54 mm

图9-149

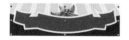

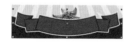

图9-150

图9-151

（13）选择“文本”工具，在页面外输入需要的文字，选择“选择”工具，在属性栏中选取适当的字体并设置文字大小，如图9-152所示。在“对象属性”泊坞窗中，单击“居中”按钮，其他选项的设置如图9-153所示，按Enter键，文字效果如图9-154所示。

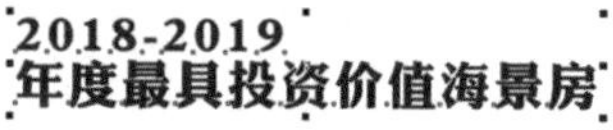
2018-2019
年度最具投资价值海景房

图9-152

对象属性
段落
100.0 %
%字符高度
3.1 %
83.1 %
.0 %

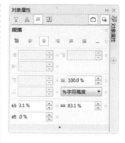

图9-153

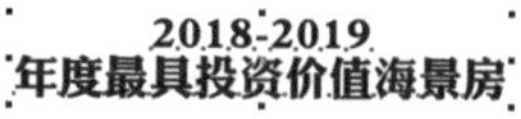
2018-2019
年度最具投资价值海景房

图9-154

（14）选择“封套”工具，在文字周围出现封套节点，如图9-155所示。按住Shift键的同时，选取需要的节点，如图9-156所示，按Delete键，删除选取的节点。

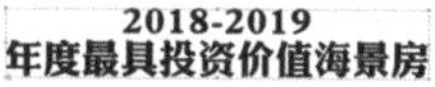
2018-2019
年度最具投资价值海景房

图9-155

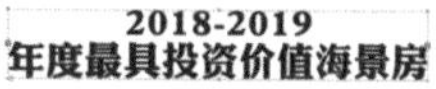
2018-2019
年度最具投资价值海景房

图9-156

（15）分别拖曳节点到适当的位置，如图9-157所示。选择“选择”工具，将其拖曳到页面中适当的位置，效果如图9-158所示。

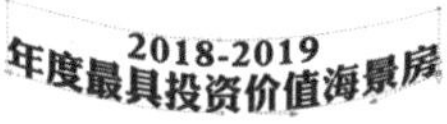
2018-2019
年度最具投资价值海景房

图9-157

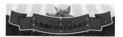

图9-158

（16）设置文字颜色的CMYK值为2、5、22、0，填充文字，效果如图9-159所示。选择“文本”工具，在页面中分别输入需要的文字，选择“选择”工具，在属性栏中分别选取适当的字体并设置文字大小，填充为白色，如图9-160所示。

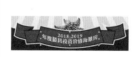

2018-2019
年度最具投资价值海景房

图9-159

购房大优惠惊爆回馈

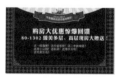

图9-160

（17）选择“文本”工具，选取数字“2”，在“对象属性”泊坞窗中单击“位置”按钮，在弹出的菜单中选择“上标”选项，如图9-161所示，文字效果如图9-162所示。

无
上标(自动)
下标(自动)
上标(合成)
下标(合成)

图9-161

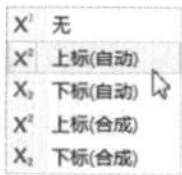

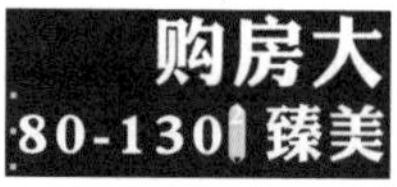
购房大
80-1302 臻美

图9-162

（18）选择"选择"工具，按住Shift键的同时，选取需要的文字，设置文字颜色的CMYK值为38、64、92、0，填充文字。选取需要的文字，设置文字颜色的CMYK值为2、5、22、0，填充文字，效果如图9-163所示。

（19）选择"文本"工具，选取文字"大优惠"，设置文字颜色的CMYK值为0、100、100、10，填充文字，效果如图9-164所示。

图9-163　　　　　　　　图9-164

（20）选择"选择"工具，选取需要的文字，在"对象属性"泊坞窗中选项的设置如图9-165所示，按Enter键，文字效果如图9-166所示。

图9-165　　　　　　　　图9-166

（21）选择"选择"工具，选取需要的文字，在"对象属性"泊坞窗中选项的设置如图9-167所示，按Enter键，文字效果如图9-168所示。

图9-167　　　　　　　　图9-168

（22）选择"选择"工具，将需要的文字选取，在"对象属性"泊坞窗中选项的设置如图9-169所示，按Enter键，文字效果如图9-170所示。

图9-169　　　　　　　　图9-170

3. 制作标签图形

（1）按Ctrl+I组合键，弹出"导入"对话框，选择本书学习资源中的"Ch09 > 素材 > 制作房地产广告 > 03"文件，单击"导入"按钮，在页面中单击导入图片，选择"选择"工具，将其拖曳到适当的位置并调整其大小，效果如图9-171所示。选择"贝塞尔"工具，绘制一个图形，如图9-172所示。

 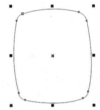

图9-171　　　　　　　　图9-172

（2）按F11键，弹出"编辑填充"对话框，选择"渐变填充"按钮，将"起点"颜色的CMYK值设置为0、100、100、10，"终点"颜色的CMYK值设置为0、100、100、39，其他选项的设置如图9-173所示。单击"确定"按钮，填充图形，效果如图9-174所示。

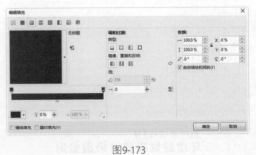

图9-173

图9-174

（3）选择"椭圆形"工具，按住Ctrl键的同时，在适当的位置绘制圆形，如图9-175所示。按F11键，弹出"编辑填充"对话框，选择"渐变填充"按钮，将"起点"颜色的CMYK值设置为0、0、0、28，"终点"颜色的CMYK值设置为0、0、0、0，将下方三角图标的"节点位置"选项设为36%，其他选项的设置如图9-176所示。单击"确定"按钮，填充图形，并去除图形的轮廓线，效果如图9-177所示。

图9-175

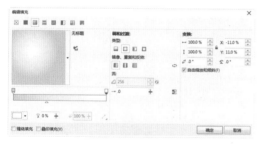

图9-176

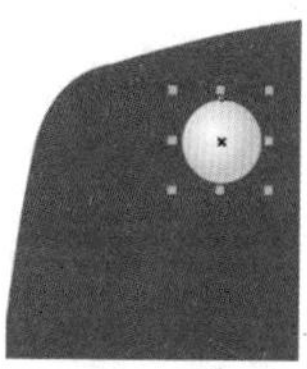

图9-177

（4）选择"椭圆形"工具，按住Ctrl键的同时，在适当的位置绘制圆形，填充为黑色，并去除图形的轮廓线，如图9-178所示。选择"2点线"工具，在适当的位置绘制直线，设置轮廓线颜色的CMYK值为0、0、0、60，填充轮廓线，效果如图9-179所示。

（5）选择"选择"工具，将需要的图形同

时选取，按Ctrl+G组合键，群组图形。按数字键盘上的+键，复制图形。单击属性栏中的"水平镜像"按钮，水平翻转图形，效果如图9-180所示。选择"椭圆形"工具，按住Ctrl键的同时，在适当的位置绘制圆形，如图9-181所示。

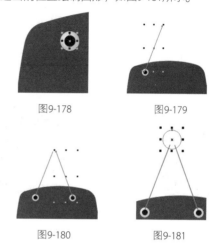

图9-178　　　　　图9-179

图9-180　　　　　图9-181

（6）按F11键，弹出"编辑填充"对话框，选择"渐变填充"按钮，将"起点"颜色的CMYK值设置为0、0、0、28，"终点"颜色的CMYK值设置为0、0、0、0，将下方三角图标的"节点位置"选项设为36%，其他选项的设置如图9-182所示。单击"确定"按钮，填充图形，并去除图形的轮廓线，效果如图9-183所示。

图9-182

图9-183

（7）选择"文本"工具 ，在页面中分别输入需要的文字，选择"选择"工具 ，在属性栏中分别选取适当的字体，设置文字大小，并填充为白色，如图9-184所示。选择"文本"工具 ，选取需要的文字，在"对象属性"泊坞窗中单击"位置"按钮 ，在弹出的菜单中选择需要的选项，如图9-185所示，文字效果如图9-186所示。

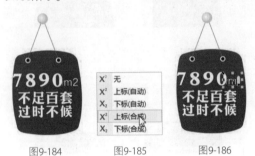

图9-184　　　　　图9-185　　　　　图9-186

（8）选择"选择"工具 ，选取需要的文字，在"对象属性"泊坞窗中选项的设置如图9-187所示，按Enter键，文字效果如图9-188所示。选择"选择"工具 ，选取需要的文字，在"对象属性"泊坞窗中选项的设置如图9-189所示，按Enter键，文字效果如图9-190所示。拖曳到适当的位置，效果如图9-191所示。

（9）选择"选择"工具 ，用圈选的方法将需要的图形同时选取，再次单击图形使其处于旋转状态，旋转到适当的角度，效果如图9-192所示。再将其拖曳到适当的位置，效果如图9-193所示。

图9-187　　　　　　　图9-188

图9-189　　　　　　图9-190　　　　　图9-191

图9-192　　　　　　　图9-193

（10）选择"选择"工具 ，选取需要的图形，选择"阴影"工具 ，在图形上从上向下拖曳光标，添加阴影效果，在属性栏中的设置如图9-194所示，按Enter键，效果如图9-195所示。房地产广告制作完成，效果如图9-196所示。

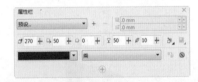

图9-194

图9-195　　　　　　　图9-196

课堂练习1——制作汽车广告

练习1.1 项目背景及要求

1. 客户名称

瑞福达风汽车有限公司。

2. 客户需求

瑞福达风汽车有限公司生产的汽车以高质量、高性能得到消费者的广泛认可。目前，该公司2018年最新型号的汽车即将面世，需要为新型汽车的面世制作广告，要求以宣传汽车为主要内容，突出主题。

3. 设计要求

（1）广告的画面背景以汽车产品展示为主，突出宣传重点。

（2）画面要求质感丰富，能够体现品牌的品质与质量。

（3）广告整体色调柔和，能够让消费者感受到温馨舒适的氛围。

（4）广告设计整体图文搭配和谐，主次分明，画面整洁大气。

（5）设计规格均为210mm（宽）×297mm（高），分辨率为300 dpi。

练习1.2 项目创意及制作

1. 素材资源

图片素材所在位置：本书学习资源中的"Ch09/素材/制作汽车广告/01~06"。

文字素材所在位置：本书学习资源中的"Ch09/素材/制作汽车广告/文字文档"。

2. 作品参考

设计作品参考效果所在位置：本书学习资源中的"Ch09/效果/制作汽车广告.cdr"，效果如图9-197所示。

3. 制作要点

使用矩形工具和透明度工具绘制背景，使用文字工具和两点线工具添加标题文字，使用椭圆形工具、调和工具、透明度工具、渐变填充工具、文字工具和星形工具绘制标志，使用矩形工具和图框精确剪裁命令制作倾斜的宣传图片，使用表格工具和文本工具添加宣传和介绍文字。

图9-197

练习2.1 项目背景及要求

1. 客户名称

ELEGANCE服饰店。

2. 客户需求

ELEGANCE服饰店是一家专业出售女士服饰的专卖店，一直深受崇尚时尚女孩的喜爱。服饰店要为秋季新款制作网页焦点广告，要求典雅时尚，体现店铺的特点。

3. 设计要求

（1）要求以与服饰相关的图片为主要内容图片。

（2）运用颜色鲜明、较为现代的图片，与文字一起构成丰富的画面。

（3）设计要求体现本店时尚、简约的风格，色彩淡雅，给人活泼清雅的视觉信息。

（4）要求将文字进行具有特色的设计，使消费者快速了解店铺信息。

（5）设计规格均为1920px（宽）×600px（高），分辨率为300 dpi。

练习2.2 项目创意及制作

1. 素材资源

图片素材所在位置：本书学习资源中的"Ch09/素材/制作服装电商广告/01~05"。

文字素材所在位置：本书学习资源中的"Ch09/素材/制作服装电商广告/文字文档"。

2. 作品参考

设计作品参考效果所在位置：本书学习资源中的"Ch09/效果/制作服装电商广告.cdr"，效果如图9-198所示。

3. 制作要点

使用导入命令、矩形工具和图框精确剪裁命令制作背景，使用文本工具、渐变工具制作标题文字，使用矩形工具、移除前面对象按钮制作装饰框，使用文本工具、文本属性面板添加宣传性文字。

图9-198

课后习题1——制作家电电商广告

习题1.1　项目背景及要求

1. 客户名称

欧斯卡数码专卖店。

2. 客户需求

欧斯卡数码专卖店是一家销售家电产品的专卖店，在双12到来之际，该店举办折扣活动，需要制作网络宣传广告。广告要求能够吸引大家的视线，达到宣传效果。

3. 设计要求

（1）广告画面要求绚丽，视觉效果强烈。

（2）广告内容明确，突出活动的宣传。

（3）色彩运用大胆强烈，使用对比强烈的色彩，使画面效果具有冲击力。

（4）画面的主要内容应是文字，所以应注重文字的设计。

（5）设计规格均为1200px（宽）×600px（高），分辨率为300 dpi。

习题1.2　项目创意及制作

1. 素材资源

图片素材所在位置：本书学习资源中的"Ch09/素材/制作家电电商广告/01~08"。

文字素材所在位置：本书学习资源中的"Ch09/素材/制作家电电商广告/文字文档"。

2. 作品参考

设计作品参考效果所在位置：本书学习资源中的"Ch09/效果/制作家电电商广告.cdr"，效果如图9-199所示。

3. 制作要点

使用矩形工具、导入命令和透明度工具制作背景效果，使用文本工具、立体化工具制作标题文字，使用矩形工具、文本工具、合并按钮制作家电品类及活动时间。

图9-199

习题2.1 项目背景及要求

1. 客户名称

尚佳怡百货商场。

2. 客户需求

尚佳怡百货商场是以销售服装、鞋帽和箱包为主的网上商城，目前新上欧美休闲百搭包，要求为商场网站设计促销宣传广告，能够适用于网站头条、橱窗及公告栏展示。广告以宣传新款女包为主，要求内容表现出新款女包的特点。

3. 设计要求

（1）广告内容以图片为主，选取的装饰搭配要舒适自然。

（2）文字设计与图片相迎合，配合图片设计搭配。

（3）设计所用背景为浅色调，以突出主体产品。

（4）整体风格具有高端大气的特色，体现出品牌特点。

（5）设计规格均为1200px（宽）×600px（高），分辨率为300 dpi。

习题2.2 项目创意及制作

1. 素材资源

图片素材所在位置： 本书学习资源中的"Ch09/素材/制作女包电商广告/01、02"。

文字素材所在位置： 本书学习资源中的"Ch09/素材/制作女包电商广告/文字文档"。

2. 作品参考

设计作品参考效果所在位置： 本书学习资源中的"Ch09/效果/制作女包电商广告.cdr"，效果如图9-200所示。

3. 制作要点

使用矩形工具、导入命令、渐变工具和图框精确剪裁命令制作广告背景，使用贝塞尔工具、转换为位图命令和高斯式模糊命令制作女包阴影，使用文本工具、矩形工具和移除前面对象按钮制作标题文字，使用文本工具添加其他相关信息。

图9-200

9.4 杂志设计——制作时尚杂志封面

9.4.1 项目背景及要求

1. 客户名称

空雨视觉文化传播有限公司。

2. 客户需求

时尚生活杂志是一本为走在时尚前沿的人们准备的资讯类杂志。杂志的主要内容是介绍完美彩妆、流行影视、时尚服饰等信息。本杂志在封面设计上要营造出生活时尚感和现代感。

3. 设计要求

（1）封面设计要求运用设计的艺术语言去传达杂志内容信息。

（2）以专业的摄影照片作为封面的背景底图，文字与图片搭配合理，具有美感。

（3）色彩要求围绕照片进行设计搭配，达到舒适自然的效果。

（4）整体的感觉要求时尚，并且体现杂志的专业性。

（5）设计规格均为210mm（宽）×285mm（高），分辨率为300 dpi。

9.4.2 项目创意及制作

1. 素材资源

图片素材所在位置：本书学习资源中的"Ch09/素材/制作时尚杂志封面/01"。

文字素材所在位置：本书学习资源中的"Ch09/素材/制作时尚杂志封面/文字文档"。

2. 设计作品

设计作品参考效果所在位置：本书学习资源中的"Ch09/效果/制作时尚杂志封面.cdr"，效果如图9-201所示。

图9-201

3. 制作要点

使用文本工具和对象属性泊坞窗添加需要的封面文字，使用转换为曲线命令和形状工具编辑杂志名称，使用刻刀工具分割文字，使用插入字符命令插入需要的字符，使用插入条码命令添加封面条形码。

9.4.3 案例制作及步骤

1. 制作杂志封底和名称

（1）按Ctrl+N组合键，新建一个页面。在属性栏的"页面度量"选项中将"宽度"选项设为210mm，"高度"选项设为285mm，按Enter键，页面显示为设置的大小。

（2）选择"文本"工具，在页面输入需要的文字，选择"选择"工具，在属性栏中选取适当的字体并设置文字大小，如图9-202所示。按Alt+Enter组合键，弹出"对象属性"泊坞窗，单击"段落"按钮，切换到相应的泊坞窗中进行设置，如图9-203所示，按Enter键，效果如图9-204所示。

图9-202　　　　　　图9-203

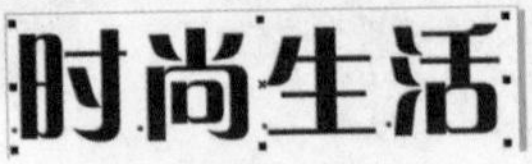

图9-204

（3）选择"选择"工具，选取文字。按Ctrl+Q组合键，将文字转换为曲线，如图9-205所示。选择"形状"工具，用圈选的方法将需要的节点同时选取，如图9-206所示，按Delete键，删除节点，效果如图9-207所示。

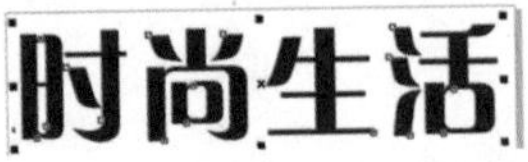

时尚生活

图9-205

尚　　　　尚

图9-206 　　　　　　图9-207

（4）选择"刻刀"工具，将属性栏中的"保留为一个对象"按钮和"剪切时自动闭合"按钮处于未被选中状态，在"活"字适当的位置上单击两下鼠标，将图形分割，如图9-208所示。按Esc键，取消选取状态。选择"形状"工具，选取分割后的下半部分图形，如图9-209所示。用圈选的方法将需要的节点同时选取，如图9-210所示，按Delete键，删除不需要的图形，效果如图9-211所示。

图9-208　　　　　　图9-209

活　　　　汗

图9-210 　　　　　　图9-211

（5）选择"文本 > 插入字符"命令，弹出"插入字符"面板，选取需要的字体，在需要的字符上双击鼠标左键，如图9-212所示，插入字符到页面中，调整其大小，效果如图9-213所示。再次单击图形使其处于旋转状态，将其旋转到适当的角度，效果如图9-214所示。

图9-212

图9-213 　　　　　　图9-214

（6）选择"选择"工具，选取字符，按数字键盘上的+键，复制一个字符。拖曳图形到适当的位置并调整其大小和角度，效果如图9-215所示。按Ctrl+I组合键，弹出"导入"对话框，选择本书学习资源中的"Ch09 > 素材 > 制作时尚杂志封面 > 01"文件，单击"导入"按钮，在页面中单击导入图片，选择"选择"工具，拖曳图片到合适的位置并调整其大小，效果如图9-216所示。

时尚生活

图9-215　　　　　　　　图9-216

（7）保持图片的选取状态，按Shift+Page Down组合键，将图片置于底层，效果如图9-217所示。选择"选择"工具，用圈选的方法将需要的文字和字符同时选取，填充为白色，效果如图9-218所示。

图9-217　　　　　　　　图9-218

（8）双击"矩形"工具，绘制一个与页面大小相等的矩形，如图9-219所示。按Shift+PageDown组合键，将其置于顶层，效果如图9-220所示。

图9-219　　　　　　　　图9-220

（9）选择"选择"工具，按住Shift键的同时，选取图片、文字和字符，如图9-221所示。选择"对象 > 图框精确剪裁 > 置于图文框内部"命令，鼠标的指针变为黑色箭头，将箭头放在矩

形上单击，图像被置入矩形，并去除矩形的轮廓线，效果如图9-222所示。

图9-221　　　　　　　　图9-222

（10）选择"3点矩形"工具，在适当的位置绘制倾斜的矩形。设置图形颜色的CMYK值为0、50、0、0，填充图形，并去除图形的轮廓线，效果如图9-223所示。选择"对象 > 图框精确剪裁 > 置于图文框内部"命令，鼠标的指针变为黑色箭头，将箭头放在背景上单击，图形被置入背景，并去除矩形的轮廓线，效果如图9-224所示。

图9-223　　　　　　图9-224

（11）选择"文本"工具，在页面中输入需要的文字，选择"选择"工具，在属性栏中选取适当的字体并设置文字大小，如图9-225所示。单击属性栏中的"粗体"按钮，将文字加粗，效果如图9-226所示。

图9-225　　　　　　图9-226

（12）选择"选择"工具，在属性栏的"旋转角度"框中设置数值为318度，按Enter键，效果如图9-227所示。选择"文本"工具

具 ，在页面中输入需要的文字，选择"选择"工具 ，在属性栏中选取适当的字体并设置文字大小。设置文字颜色的CMYK值为0、50、0、0，填充文字，如图9-228所示。

图9-227　　　　　　图9-228

2. 添加并编辑栏目名称

（1）选择"文本"工具 ，在页面中分别输入需要的文字，选择"选择"工具 ，在属性栏中分别选取适当的字体并设置文字大小，填充文字为白色，如图9-229所示。按住Shift键的同时，选取需要的文字，单击属性栏中的"粗体"按钮 ，将文字加粗，效果如图9-230所示。

图9-229　　　　　　　　图9-230

（2）选择"选择"工具 ，选取需要的文字，按Alt+Enter组合键，弹出"对象属性"泊坞窗，单击"段落"按钮 ，切换到相应的泊坞窗中进行设置，如图9-231所示，按Enter键，文字效果如图9-232所示。

 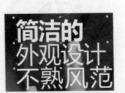

图9-231　　　　　　　　图9-232

（3）选择"选择"工具 ，选取需要的文

字，选择"对象属性"泊坞窗，选项的设置如图9-233所示，按Enter键，文字效果如图9-234所示。

图9-233　　　　　　图9-234

（4）选择"选择"工具 ，用圈选的方法将需要的文字同时选取，设置文字填充颜色的CMYK值为0、50、0、0，填充文字，如图9-235所示。用相同的方法制作下方的文字，效果如图9-236所示。

图9-235　　　　　　　　图9-236

（5）选择"文本"工具 ，在适当的位置输入需要的文字，选择"选择"工具 ，在属性栏中选取适当的字体并设置文字大小，效果如图9-237所示。填充文字为白色，选择"形状"工具 ，向左拖曳文字下方的 图标，调整文字的间距，效果如图9-238所示。

图9-237　　　　　　　图9-238

（6）选择"阴影"工具 ，在文字上从上向下拖曳光标，添加阴影效果，在属性栏中的设置如图9-239所示，按Enter键，效果如图9-240所示。

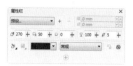

图9-239

图9-240

（7）用上述方法输入需要的白色文字，效果如图9-241所示。选择"贝塞尔"工具，在适当的位置绘制一个不规则图形，设置图形颜色的CMYK值为0、50、0、0，填充图形，并去除图形的轮廓线，如图9-242所示。按Ctrl+PageDown组合键，将图形向后移动一层。

图9-241

图9-242

（8）选择"选择"工具，选取需要的图形和文字，如图9-243所示。连续按Ctrl+PageDown组合键，后移图形和文字，如图9-244所示。

图9-243

图9-244

（9）选择"对象 > 插入条码"命令，在弹出的对话框中进行设置，如图9-245所示，单击"下一步"按钮，切换到相应的对话框，设置如图9-246所示。单击"下一步"按钮，切换到相应的对话框，设置如图9-247所示，单击"完成"按钮，效果如图9-248所示。

图9-245

图9-246

图9-247

图9-248

（10）选择"选择"工具，选取条形码，将其拖曳到页面中适当的位置并调整其大小，效果如图9-249所示。时尚杂志封面制作完成，效果如图9-250所示。

图9-249

图 9-250

课堂练习1——制作影像杂志封面

练习1.1 项目背景及要求

1. 客户名称

唤醒杂志出版社。

2. 客户需求

唤醒杂志出版社是一家以出版杂志为主的专业出版社，目前出版社的其中一款杂志《人像世界》的最新一期即将出版，需要制作封面，用于杂志的出版及发售。要求封面的设计围绕主题，以人像摄影为主。

3. 设计要求

（1）杂志的背景依据传统形式，以人物摄影照片为主。

（2）杂志封面照片以黑白为主，与文字相互衬托。

（3）杂志设计注重细节的处理与搭配，使画面更加精致。

（4）杂志的整体风格素雅时尚，能够表现出人像摄影的魅力。

（5）设计规格均为210mm（宽）×285mm（高），分辨率为300 dpi。

练习1.2 项目创意及制作

1. 素材资源

图片素材所在位置：本书学习资源中的"Ch09/素材/制作影像杂志封面/01"。

文字素材所在位置：本书学习资源中的"Ch09/素材/制作影像杂志封面/文字文档"。

2. 作品参考

设计作品参考效果所在位置：本书学习资源中的"Ch09/效果/制作影像杂志封面.cdr"，效果如图9-251所示。

图9-251

3. 制作要点

使用导入命令、取消饱和命令和亮度/对比度/强度命令制作杂志背景，使用文本工具添加杂志名称及刊期，使用矩形工具、文本工具和阴影工具添加栏目名称，使用插入条码命令添加封面条形码。

课堂练习2——制作汽车杂志封面

练习2.1 项目背景及要求

1. 客户名称

DAILY CAR杂志社。

2. 客户需求

DAILY CAR杂志社最新一期《DAILY CAR汽车杂志》即将出版，需要为其设计杂志封面，用于出版发售。封面的设计以杂志的主题汽车为主，设计要具有个性，独具特色。

3. 设计要求

（1）杂志的背景以汽车的摄影图片为主，图片选择要求具有个性。

（2）杂志的封面版式设计内容不宜过多，要表现出封面的空间感。

（3）整体风格具有个性，体现出杂志的特色。

（4）设计规格均为210mm（宽）×285mm（高），分辨率为300 dpi。

练习2.2 项目创意及制作

1. 素材资源

图片素材所在位置：本书学习资源中的"Ch09/素材/制作汽车杂志封面/01"。

文字素材所在位置：本书学习资源中的"Ch09/素材/制作汽车杂志封面/文字文档"。

2. 作品参考

设计作品参考效果所在位置：本书学习资源中的"Ch09/效果/制作汽车杂志封面.cdr"，效果如图9-252所示。

3. 制作要点

使用导入命令导入素材图片，使用文本工具、选择工具和文本属性面板制作杂志名称及刊期，使用文本工具添加介绍性文字，使用插入条码命令添加封面条形码。

图9-252

习题1.1　项目背景及要求

1. 客户名称

文学图书出版社。

2. 客户需求

文学图书出版社即将出版一本关于旅游的书籍《星球TOURISM》，目前需要设计书籍封面，目的是用于书籍的出版及发售。封面设计要围绕旅行这一主题，能够吸引读者注意。

3. 设计要求

（1）使用摄影图片为背景素材，注重细节的修饰和处理。

（2）整体色调清新舒适，色彩丰富，搭配自然。

（3）书籍的封面要表现出旅游的放松和舒适的氛围。

（4）文字设计与图片相迎合，配合图片设计搭配。

（5）设计规格均为210mm（宽）×285mm（高），分辨率为300 dpi。

习题1.2　项目创意及制作

1. 素材资源

图片素材所在位置：本书学习资源中的"Ch09/素材/制作旅游杂志封面/01"。

文字素材所在位置：本书学习资源中的"Ch09/素材/制作旅游杂志封面/文字文档"。

2. 作品参考

设计作品参考效果所在位置：本书学习资源中的"Ch09/效果/制作旅游杂志封面.cdr"，效果如图9-253所示。

3. 制作要点

使用文本工具添加文字，使用文本属性命令调整文字间距，使用转换为曲线命令将文字转换为曲线，使用形状工具调整文字的节点，使用文本工具添加栏目信息，使用插入条码命令添加封面条形码。

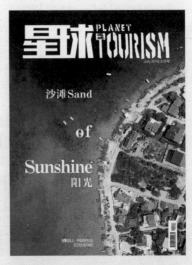

图9-253

课后习题2——制作时尚家居杂志封面

习题2.1　项目背景及要求

1. 客户名称

豆豆出版社。

2. 客户需求

豆豆出版社是一家专业的出版集团，为了扩大业务，出版社准备制作一本家居杂志。目前需要设计杂志的封面，要求图文搭配合理，体现出家居杂志的特色。

3. 设计要求

（1）杂志封面设计以图片为主，选取的图片要舒适自然、有空间感。

（2）文字设计与图片相迎合，配合图片设计搭配。

（3）整体风格具有家居杂志的特色。

（4）杂志的整体风格清新精致，能够表现出家居的温馨舒适。

（5）设计规格均为210mm（宽）×285mm（高），分辨率为300 dpi。

习题2.2　项目创意及制作

1. 素材资源

图片素材所在位置： 本书学习资源中的"Ch09/素材/制作时尚家居杂志封面/01"。

文字素材所在位置： 本书学习资源中的"Ch09/素材/制作时尚家居杂志封面/文字文档"。

2. 作品参考

设计作品参考效果所在位置： 本书学习资源中的"Ch09/效果/制作时尚家居杂志封面.cdr"，效果如图9-254所示。

3. 制作要点

使用文本工具、文本属性面板添加杂志名称，使用插入字符命令添加装饰图形，使用文本工具添加栏目信息，使用插入条码命令添加封面条形码。

图9-254

9.5 书籍封面设计——制作旅游书籍封面

9.5.1 项目背景及要求

1. 客户名称

艾力地理出版社。

2. 客户需求

艾力地理出版社即将出版一本关于旅游的书籍，书名为《如果可以去旅行》，目前需要设计书籍封面，目的是用于书籍的出版及发售，能够通过封面吸引读者注意。书籍设计要围绕旅游这一主题，并在封面得到充分表现。

3. 设计要求

（1）书籍封面的设计使用摄影图片为背景素材，注重细节的修饰和处理。

（2）整体色调清新舒适，色彩丰富，搭配自然。

（3）书籍的封面要表现出旅游放松和舒适的氛围。

（4）文字设计与图片相迎合，配合图片设计搭配。

（5）设计规格均为378mm（宽）×260mm（高），分辨率为300 dpi。

9.5.2 项目创意及制作

1. 素材资源

图片素材所在位置：本书学习资源中的"Ch09/素材/制作旅游书籍封面/01、02"。

文字素材所在位置：本书学习资源中的"Ch09/素材/制作旅游书籍封面/文字文档"。

2. 设计作品

设计作品参考效果所在位置：本书学习资源中的"Ch09/效果/制作旅游书籍封面.cdr"，效果如图9-255所示。

图9-255

3. 制作要点

使用文本工具、文本属性面板制作封面文字，使用椭圆形工具、调和工具制作装饰圆形，使用手绘工具、透明度工具制作竖线，使用导入命令、矩形工具和旋转命令制作旅行照片，使用插入条码命令添加封面条形码。

9.5.3 案例制作及步骤

1. 制作封面

（1）按Ctrl+N组合键，新建一个页面，在属性栏的"页面度量"选项中分别设置宽度为378mm，高度为260mm，按Enter键，页面尺寸显示为设置的大小。

（2）按Ctrl+J组合键，弹出"选项"对话框，选择"文档/页面尺寸"选项，在出血框中设置数值为3，勾选"显示出血区域"复选框，如图9-256所示，单击"确定"按钮，页面效果如图9-257所示。

图9-256

图9-257

（3）选择"视图＞标尺"命令，在视图中显示标尺。选择"选择"工具 ，在页面中拖曳一条垂直辅助线，在属性栏中将"X 位置"选项设为184mm，按Enter键；用相同的方法，在194mm的位置上添加一条垂直辅助线，在页面空白处单击鼠标，如图9-258所示。

（4）按Ctrl+I组合键，弹出"导入"对话框，选择本书学习资源中的"Ch09＞素材＞制作旅游书籍封面＞01"文件，单击"导入"按钮，在页面中单击导入图片。按P键，图片在页面中居中对齐，效果如图9-259所示。

图9-258　　　　　　　图9-259

（5）选择"文本"工具 ，在页面中分别输入需要的文字，选择"选择"工具 ，在属性栏中选取适当的字体并设置文字大小，填充文字为白色，效果如图9-260所示。

（6）选择"文本"工具 ，单击属性栏中的"将文本更改为垂直方向"按钮 ，在适当的位置输入需要的文字，选择"选择"工具 ，在属性栏中选取适当的字体并设置文字大小，填充文字为白色，效果如图9-261所示。

图9-260　　　　　　　图9-261

（7）选择"文本＞文本属性"命令，在弹出的"文本属性"面板中进行设置，如图9-262所示，按Enter键，效果如图9-263所示。

图9-262　　　　　　　图9-263

（8）选择"选择"工具 ，用圈选的方法将输入的文字全部选取，按Ctrl+G组合键，将其群组。再次单击群组文字，使其处于旋转状态，如图9-264所示。向上拖曳右边中间的控制手柄，将文字倾斜，效果如图9-265所示。用相同方法输入并倾斜文字，效果如图9-266所示。

图9-264　　　　　　　图9-265

图9-266

（9）选择"文本"工具 ，单击属性栏中的"将文本更改为水平方向"按钮 ，在适当的位置输入需要的文字。选择"选择"工具 ，在属性栏中选取适当的字体并设置文字大小，填充文字为白色，效果如图9-267所示。选择"文本属性"面板，选项的设置如图9-268所示，按Enter键，效果如图9-269所示。

图9-267

图9-268

图9-269

（10）选择"阴影"工具，在文字对象中由上至下拖曳光标，为文字添加阴影效果，在属性栏中的设置如图9-270所示；按Enter键，效果如图9-271所示。

图9-270

图9-271

（11）选择"椭圆形"工具，按住Ctrl键的同时，在适当的位置绘制一个圆形，填充圆形为白色，效果如图9-272所示。按数字键盘上的+键，复制圆形。选择"选择"工具，按住Shift键的同时，垂直向下拖曳复制的圆形到适当的位置，效果如图9-273所示。

图9-272

图9-273

（12）选择"调和"工具，在两个白色圆形之间拖曳鼠标，在属性栏中的设置如图9-274所示；按Enter键，效果如图9-275所示。

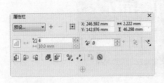

图9-274

图9-275

（13）选择"手绘"工具，按住Ctrl键的同时，在适当的位置绘制一条竖线，在"CMYK调色板"中的"白"色块上单击鼠标右键，填充竖线轮廓线，效果如图9-276所示。

图9-276

（14）选择"透明度"工具，在对象中由上至下拖曳光标，为文字添加透明度效果，在属性栏中的设置如图9-277所示；按Enter键，效果如图9-278所示。

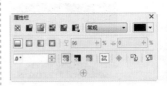

图9-277

图9-278

（15）选择"文本"工具，在适当的位置输入需要的文字，选择"选择"工具，在属性栏中选取适当的字体并设置文字大小，效果如图9-279所示。设置文字颜色的CMYK值为100、82、45、6，填充文字，效果如图9-280所示。

图9-279

图9-280

（16）选择"文本属性"面板，选项的设置如图9-281所示，按Enter键，效果如图9-282所示。

图9-281

图9-282

（17）选择"折线"工具，在适当的位置绘制折线，如图9-283所示。按F12键，弹出"轮廓笔"对话框，在"颜色"选项中设置轮廓线颜色的CMYK值为100、82、45、6，其他选项的设置如图9-284所示；单击"确定"按钮，效果如图9-285所示。

图9-283

图9-284

图9-285

（18）按数字键盘上的+键，复制折线。选择"选择"工具，按住Shift键的同时，垂直向下拖曳复制的折线到适当的位置，效果如图9-286所示。连续按Ctrl+D组合键，按需要再制图形，效果如图9-287所示。

图9-286

图9-287

（19）选择"文本"工具，在适当的位置输入需要的文字，选择"选择"工具，在属性栏中选取适当的字体并设置文字大小，填充文字为白色，效果如图9-288所示。

图9-288

2. 制作封底和书脊

（1）选择"选择"工具，选取右侧封面中需要的文字，如图9-289所示。按数字键盘上的+键，复制文字。拖曳复制的文字到封底上适当的位置，并调整其大小，效果如图9-290所示。

图9-289

图9-290

（2）选择"矩形"工具，按住Ctrl键的同时，在适当的位置拖曳光标绘制一个正方形，如图9-291所示。设置轮廓线颜色为白色，并在属性栏的"轮廓宽度" 2mm 框中设置数值为1.5mm，按Enter键，效果如图9-292所示。

（3）按Ctrl+I组合键，弹出"导入"对话框，选择本书学习资源中的"Ch09 > 素材 > 制作旅游书籍封面 > 02"文件，单击"导入"按钮，在页面中单击导入图片，将其拖曳到适当的位置并调整其大小，效果如图9-293所示。按Ctrl+PageDown组合键，将图片向后移一层，效果如图9-294所示。

图9-291　　　　　　　　图9-292

图9-293　　　　　　　　图9-294

（4）选择"选择"工具，选择"对象 > 图框精确剪裁 > 置于图文框内部"命令，鼠标的光标变为黑色箭头形状，在矩形上单击鼠标左键，如图9-295所示。将图片置入矩形，效果如图9-296所示。在属性栏的"旋转角度"框中设置数值为5.6，按Enter键，效果如图9-297所示。

图9-295　　　　　　　　图9-296

图9-297

（5）选择"文本"工具，在适当的位置输入需要的文字。选择"选择"工具，在属性栏中选取适当的字体并设置文字大小，填充文字为白色，效果如图9-298所示。选择"文本属性"面板，选项的设置如图9-299所示，按Enter键，效果如图9-300所示。

图9-298　　　　　　　　图9-299

图9-300

（6）选择"对象 > 插入条码"命令，在弹出的对话框中进行设置，如图9-301所示。单击"下一步"按钮，切换到相应的对话框，设置如图9-302所示。单击"下一步"按钮，切换到相应的对话框，设置如图9-303所示。单击"完成"按钮，效果如图9-304所示。

图9-301

图9-302

图9-303

图9-304

（7）选择"选择"工具，选取条形码，将其拖曳到封底上适当的位置并调整其大小，效果如图9-305所示。选择"矩形"工具，在适当的位置拖曳光标绘制一个矩形，如图9-306所示。填充矩形为白色，按Ctrl+PageDown组合键，将矩形向后移一层，效果如图9-307所示。

（8）选择"文本"工具，在适当的位置输入需要的文字。选择"选择"工具，在属性栏中选取适当的字体并设置文字大小，填充文字为白色，效果如图9-308所示。

图9-305

图9-306

图9-307

图9-308

（9）选择"文本"工具，单击属性栏中的"将文本更改为垂直方向"按钮，在书脊上适当的位置分别输入需要的文字，选择"选择"工具，在属性栏中分别选取适当的字体并设置文字大小，填充文字为白色，效果如图9-309所示。旅游书脊封面制作完成，效果如图9-310所示。

图9-309

图9-310

练习1.1 项目背景及要求

1. 客户名称

人文工业出版社。

2. 客户需求

《花艺工坊》是一本介绍鲜花花季、花枝结构、插花基本技巧以及鲜花造型的花艺基础入门图书。目前该书即将出版，出版社要求为其设计书籍封面。设计要突出花卉工艺这一主题，通过封面直观、快速地吸引读者，将书籍内容全面地表现出来。

3. 设计要求

（1）以传达家庭健康花卉内容为主要宗旨，紧贴主题。

（2）色彩以粉色为主色调，画面要求干净清爽。

（3）设计要求以花卉图片作为封面主要内容，明确主题。

（4）整体设计要体现花艺工坊的温馨感。

（5）设计规格均为378mm（宽）×260mm（高），分辨率为300 dpi。

练习1.2 项目创意及制作

1. 素材资源

图片素材所在位置：本书学习资源中的"Ch09/素材/制作花卉书籍封面/01、02"。

文字素材所在位置：本书学习资源中的"Ch09/素材/制作花卉书籍封面/文字文档"。

2. 作品参考

设计作品参考效果所在位置：本书学习资源中的"Ch09/效果/制作花卉书籍封面.cdr"，效果如图9-311所示。

3. 制作要点

使用多边形工具、形状工具、文本工具和图框精确剪裁命令制作书籍名称，使用矩形工具、文本工具、合并命令制作出版社标志，使用文本工具、文本属性面板添加封面信息，使用透明度工具为图片添加半透明效果，使用插入条码命令添加封面条形码。

图9-311

课堂练习2——制作美食书籍封面

练习2.1 项目背景及要求

1. 客户名称

爱美食出版社。

2. 客户需求

《汉堡快餐手册》是一本以介绍都市快餐为主的书籍，该书涉猎都市青年快节奏生活所需的各类汉堡快餐，内容简单易懂。目前该书即将出版，出版社要求制作一款书籍封面，要能够用勾起食欲的同时符合设计要求。

3. 设计要求

（1）封面的背景使用浅色调，使画面看起来干净、清爽。

（2）封面设计以实物图片为主，突出主题。

（3）整体色调清新舒适，色彩丰富，搭配自然。

（4）书籍的封面要点明主题，引人食欲。

（5）文字设计与图片相迎合，配合图片设计搭配。

（6）设计规格均为378mm（宽）×260mm（高），分辨率为300 dpi。

练习2.2 项目创意及制作

1. 素材资源

图片素材所在位置：本书学习资源中的"Ch09/素材/制作美食书籍封面/01、02"。

文字素材所在位置：本书学习资源中的"Ch09/素材/制作美食书籍封面/文字文档"。

2. 作品参考

设计作品参考效果所在位置：本书学习资源中的"Ch09/效果/制作美食书籍封面.cdr"，效果如图9-312所示。

3. 制作要点

使用导入命令导入素材图片，使用文本工具、椭圆形工具、矩形工具、2点线工具和调和工具制作书籍名称，使用插入字符命令添加装饰图形，使用文本工具、文本属性命令添加书籍信息，使用插入条码命令添加封面条形码。

图9-312

课后习题1——制作茶鉴赏书籍封面

习题1.1　项目背景及要求

1. 客户名称

教育科文出版社。

2. 客户需求

教育科文出版社即将出版一本名叫《茶之鉴赏》的书，该书主要介绍中国茶艺的古味古香古色，介绍茶艺的历史与分类。现要求围绕茶典这一主题为书籍设计封面，用于书籍的出版及发售。

3. 设计要求

（1）书籍的封面以浅色背景与茶园相衬，使画面视野宽广开阔。

（2）字体的设计要符合茶艺这一特色，要具有中国特色。

（3）可以采用竖排版的版面形式，使封面更加独特。

（4）色彩搭配舒适淡雅，让人印象深刻。

（5）设计规格均为440mm（宽）×297mm（高），分辨率为300 dpi。

习题1.2　项目创意及制作

1. 素材资源

图片素材所在位置：本书学习资源中的"Ch09/素材/制作茶鉴赏书籍封面/01~07"。

文字素材所在位置：本书学习资源中的"Ch09/素材/制作茶鉴赏书籍封面/文字文档"。

2. 作品参考

设计作品参考效果所在位置：本书学习资源中的"Ch09/效果/制作茶鉴赏书籍封面.cdr"，效果如图9-313所示。

3. 制作要点

使用矩形工具、导入命令和图框精确剪裁命令制作书籍封面，使用亮度/对比度/强度和颜色平衡命令调整图片颜色，使用高斯式模糊命令制作图片的模糊效果，使用文本工具输入直排和横排文字，使用转换为曲线命令和渐变工具转换并填充书籍名称。

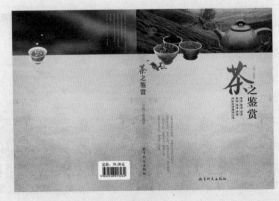

图9-313

课后习题2——制作探索书籍封面

习题2.1 项目背景及要求

1. 客户名称

星空探索出版社。

2. 客户需求

星空探索出版社即将出版一本名叫《探秘星空》的星际探索类小说，小说的内容是围绕各类星云解析所展开的，现需要为该书制作封面，封面的设计要具有星云的特色。

3. 设计要求

（1）使用深色的星空摄影背景作为书籍封面的背景。

（2）封面要表现出星空神秘莫测的特色。

（3）字体的设计简单干净，与背景相互映衬。

（4）文字设计与图片相迎合，配合图片设计搭配。

（5）设计规格均为378mm（宽）×260mm（高），分辨率为300 dpi。

习题2.2 项目创意及制作

1. 素材资源

图片素材所在位置：本书学习资源中的"Ch09/素材/制作探索书籍封面/01、02"。

文字素材所在位置：本书学习资源中的"Ch09/素材/制作探索书籍封面/文字文档"。

2. 作品参考

设计作品参考效果所在位置：本书学习资源中的"Ch09/效果/制作探索书籍封面.cdr"，效果如图9-314所示。

3. 制作要点

使用辅助线命令添加辅助线，使用文本工具、文本属性命令制作书籍名称及出版信息，使用矩形工具、透明度工具制作半透明效果，使用插入条码命令添加封面条形码。

图9-314

9.6 包装设计——制作牛奶包装

9.6.1 项目背景及要求

1. 客户名称

宝宝食品有限公司。

2. 客户需求

宝宝食品是一个制作婴幼儿配方食品的专业品牌，精选优质原料，生产国际水平的产品，得到消费者的广泛认可。目前推出了最新研制的心怡特牛奶，需要为该产品制作一款包装，包装设计要求体现产品特色，展现品牌形象。

3. 设计要求

（1）包装风格要求简单干净，使消费者感到放心。

（2）突出宣传重点，使用卡通形象为包装素材。

（3）设计要求使用文字效果，在画面中突出显示。

（4）整体效果要求具有温馨可爱的画面感。

（5）设计规格均为297mm（宽）×210mm（高），分辨率为300dpi。

9.6.2 项目创意及制作

1. 素材资源

文字素材所在位置：本书学习资源中的"Ch09/素材/制作牛奶包装/文字文档"。

2. 设计作品

设计作品参考效果所在位置：本书学习资源中的"Ch09/效果/制作牛奶包装.cdr"，效果如图9-315所示。

图9-315

3. 制作要点

使用矩形工具、转换为曲线命令和形状工具制作瓶盖图形，使用转换为位图命令和高斯式模糊命令制作阴影效果，使用贝塞尔工具和渐变工具制作瓶身，使用文本工具、对象属性泊坞窗和轮廓图工具添加宣传文字。

9.6.3 案例制作及步骤

1. 绘制瓶身

（1）按Ctrl+N组合键，新建一个A4文件。单击属性栏中的"横向"按钮，横向显示页面。选择"矩形"工具，绘制一个矩形，如图9-316所示。在属性栏的"转角半径"框中设置数值为10mm，如图9-317所示，按Enter键，效果如图9-318所示。

图9-316

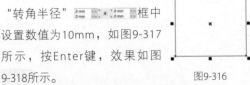

图9-317

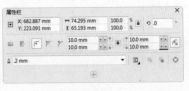

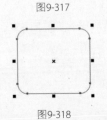

图9-318

（2）选择"选择"工具，选取圆角矩形。按Ctrl+Q组合键，将圆角矩形转换为曲线，如图9-319所示。选择"形状"工具，选取需要的节点，如图9-320所示，按Delete键，删除节点。分别调整其他节点到适当的位置，效果如图9-321所示。

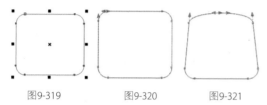

图9-319　　　　图9-320　　　　图9-321

（3）选择"选择"工具，选取图形。按F11键，弹出"编辑填充"对话框，选择"渐变填充"按钮，将"起点"颜色的CMYK值设置为10、50、30、0，"终点"颜色的CMYK值设置为0、40、15、0，其他选项的设置如图9-322所示。单击"确定"按钮，填充图形，并去除图形的轮廓线，效果如图9-323所示。

图9-322

图9-323

（4）选择"矩形"工具，绘制一个矩形。在属性栏的"转角半径"框中设置数值为10mm，如图9-324所示，按Enter键。填充为白色，并去除图形的轮廓线，效果如图9-325所示。

图9-324　　　　　　　图9-325

（5）选择"贝塞尔"工具，绘制一个图形，如图9-326所示。按F11键，弹出"编辑填充"对话框，选择"渐变填充"按钮，在"位置"选项中分别添加并输入0、49、80、100四个位置点，分别设置四个位置点颜色的CMYK值为0（0、0、0、20）、49（0、0、0、0）、80（0、0、0、0）、100（0、0、0、10），其他选项的设置如图9-327所示，单击"确定"按钮。填充图形，并去除图形的轮廓线，效果如图9-328所示。选择"贝塞尔"工具，绘制一个图形，如图9-329所示。

图9-326

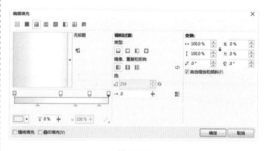

图9-327

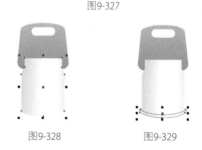

图9-328　　　　　　图9-329

（6）按F11键，弹出"编辑填充"对话框，选择"渐变填充"按钮■，将"起点"颜色的CMYK值设置为0、0、0、48，"终点"颜色的CMYK值设置为0、0、0、0，将下方三角图标的"节点位置"选项设为26%，其他选项的设置如图9-330所示。单击"确定"按钮，填充图形，并去除图形的轮廓线，效果如图9-331所示。

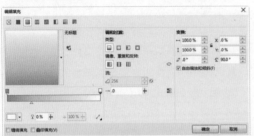

图9-330

图9-331

（7）保持图形的选取状态。选择"透明度"工具■，在图形上从上向下拖曳光标，选取上方的节点，在右侧的"节点透明度"框中设置数值为100，选取下方的节点，在右侧的"节点透明度"框中设置数值为0，在属性栏中选项的设置如图9-332所示，按Enter键，效果如图9-333所示。

图9-332　　　　　　图9-333

（8）选择"矩形"工具■，绘制一个矩形，设置图形颜色的CMYK值为0、0、0、70，填充图形，并去除图形的轮廓线，效果如图9-334所示。

选择"透明度"工具■，在图形上从下向上拖曳光标，选取下方的节点，在右侧的"节点透明度"框中设置数值为100，选取上方的节点，在右侧的"节点透明度"框中设置数值为0，在属性栏中选项的设置如图9-335所示，按Enter键，效果如图9-336所示。

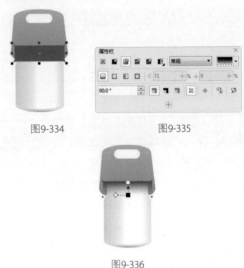

图9-334　　　　　　图9-335

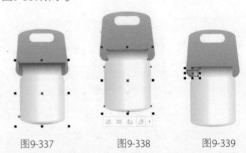

图9-336

（9）选择"选择"工具■，按住Shift键的同时，选取需要的图形，如图9-337所示。选择"对象 > 图框精确剪裁 > 置于图文框内部"命令，鼠标的指针变为黑色箭头，将箭头放在图形上单击，图形被置入图形，效果如图9-338所示。选择"贝塞尔"工具■，绘制一个图形，如图9-339所示。

图9-337　　　图9-338　　　图9-339

（10）按F11键，弹出"编辑填充"对话框，选择"渐变填充"按钮■，将"起点"颜色的CMYK值设置为0、0、0、0，"终点"颜色的CMYK值设置为0、0、0、60，其他选项的设置如

图9-340所示。单击"确定"按钮，填充图形，并去除图形的轮廓线，效果如图9-341所示。

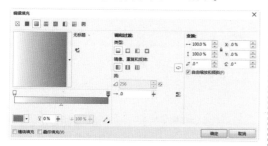

图9-340

图9-341

（11）选择"选择"工具，选取图形，按数字键盘上的+键，复制图形。单击属性栏中的"水平镜像"按钮，水平翻转图形，效果如图9-342所示。拖曳到适当的位置，效果如图9-343所示。按住Shift键，选取两个图形，按Ctrl+PageDown组合键，后移图形，如图9-344所示。

图9-342　　　图9-343　　　图9-344

（12）选择"矩形"工具，绘制一个矩形，如图9-345所示。按Ctrl+Q组合键，将矩形转换为曲线，如图9-346所示。

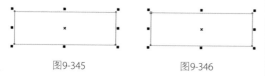

图9-345　　　　　　图9-346

（13）选择"形状"工具，将需要的节点选取并拖曳到适当的位置，效果如图9-347所示。选择"选择"工具，设置图形颜色的CMYK值为0、40、15、0，填充图形，并去除图形的轮廓

线，效果如图9-348所示。将其拖曳到适当的位置，效果如图9-349所示。

（14）用相同的方法再次绘制图形，设置图形颜色的CMYK值为22、56、33、0，填充图形，并去除图形的轮廓线，效果如图9-350所示。选择"效果 > 转换为位图"命令，弹出"转换为位图"对话框，如图9-351所示，单击"确定"按钮，效果如图9-352所示。

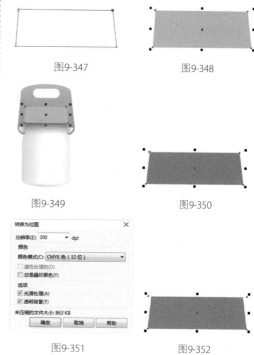

图9-347　　　　　　图9-348

图9-349　　　　　　图9-350

图9-351　　　　　　图9-352

（15）保持图形的选取状态。选择"位图 > 模糊 > 高斯式模糊"命令，在弹出的对话框中进行设置，如图9-353所示，单击"确定"按钮，效果如图9-354所示。

图9-353

图9-354

（16）将其拖曳到适当的位置，如图9-355所示。连续按Ctrl+PageDown组合键，后移图形，效果如图9-356所示。选择"贝塞尔"工具，绘制一个图形，如图9-357所示。设置图形颜色的CMYK值为22、56、33、0，填充图形，并去除图形的轮廓线，效果如图9-358所示。

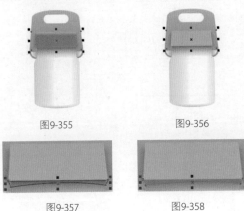

图9-355　　　　　　　　图9-356

图9-357　　　　　　　　图9-358

2. 添加宣传文字

（1）选择"文本"工具，在页面中分别输入需要的文字，选择"选择"工具，在属性栏中分别选取适当的字体并设置文字大小，填充为白色，效果如图9-359所示。选取需要的文字，设置填充颜色的CMYK值为76、0、100、35，填充文字，效果如图9-360所示。再次选取需要的文字，设置填充颜色的CMYK值为76、0、100、0，填充文字，效果如图9-361所示。

图9-359　　　　　　　　图9-360

图9-361

（2）选取需要的文字，按Alt+Enter组合键，弹出"对象属性"泊坞窗，单击"段落"按

钮，弹出相应的泊坞窗，选项的设置如图9-362所示，按Enter键，文字效果如图9-363所示。

图9-362　　　　　　　　图9-363

（3）选取需要的文字，在"对象属性"泊坞窗中选项的设置如图9-364所示，按Enter键，文字效果如图9-365所示。用相同的方法调整其他文字，效果如图9-366所示。

图9-364　　　　　　　　图9-365

图9-366

（4）选择"选择"工具，选取需要的文字。选择"轮廓图"工具，在属性栏中单击"外部轮廓"按钮，将"填充色"的选项设为白色，其他选项的设置如图9-367所示，按Enter键，效果如图9-368所示。

图9-367 　　　　　　　　图9-368

3. 添加装饰细部

（1）选择"贝塞尔"工具，绘制一个图形。填充为白色，并去除图形的轮廓线，效果如图9-369所示。选择"选择"工具，选取图形，按数字键盘上的+键，复制图形。单击属性栏中的"水平镜像"按钮，水平翻转图形，效果如图9-370所示。拖曳到适当的位置，效果如图9-371所示。

图9-369　　　　　　　　图9-370

图9-371

（2）选择"贝塞尔"工具，绘制一个图形。设置图形颜色的CMYK值为0、0、0、60，填充图形，并去除图形的轮廓线，效果如图9-372所示。选择"透明度"工具，在属性栏中单击"合并模式"选项，在弹出的菜单中选择"乘"，如图9-373所示，按Enter键，效果如图9-374所示。连续按Ctrl+PageDown组合键，后移图形，效果如图9-375所示。

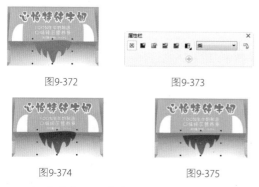

图9-372　　　　　　　　图9-373

图9-374　　　　　　　　图9-375

（3）选择"贝塞尔"工具，绘制一个图形，填充为黑色，并去除图形的轮廓线，效果如图9-376所示。用相同的方法绘制另一个图形，效果如图9-377所示。再绘制一个图形，设置图形颜色的CMYK值为0、40、15、0，填充图形，并去除图形的轮廓线，效果如图9-378所示。

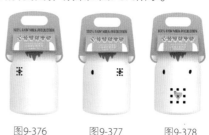

图9-376　　　　图9-377　　　　图9-378

（4）用相同的方法再绘制几个图形，设置图形颜色的CMYK值为0、0、0、10，填充图形，并去除图形的轮廓线，效果如图9-379所示。选择"贝塞尔"工具，绘制一条曲线，在属性栏的"轮廓宽度" 2mm 框中设置数值为0.75mm，按Enter键。设置轮廓线颜色的CMYK值为0、0、0、80，填充轮廓线，效果如图9-380所示。

图9-379　　　　　　　　图9-380

（5）选择"选择"工具，选取曲线。按数字键盘上的+键，复制图形。单击属性栏中的"水平镜像"按钮，水平翻转图形，如图9-381所示。拖曳到适当的位置，效果如图9-382所示。

图9-381　　　　　　　　图9-382

（6）选择"选择"工具，按住Shift键的同时，选取需要的曲线，连续按Ctrl+PageDown组合键，后移曲线，如图9-383所示。选择"贝塞尔"

工具，绘制一个图形。设置图形颜色的CMYK值为0、0、0、60，填充图形，并去除图形的轮廓线，效果如图9-384所示。

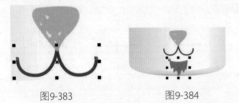

图9-383　　　　　　图9-384

（7）选择"椭圆形"工具，在适当的位置绘制椭圆形，如图9-385所示。设置图形颜色的CMYK值为0、0、0、40，填充图形，并去除图形的轮廓线，效果如图9-386所示。选择"效果 > 转换为位图"命令，弹出"转换为位图"对话框，保持默认设置，单击"确定"按钮，效果如图9-387所示。

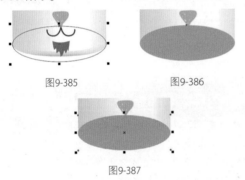

图9-385　　　　　　图9-386

图9-387

（8）保持图形的选取状态。选择"位图 > 模糊 > 高斯式模糊"命令，在弹出的对话框中进行设置，如图9-388所示，单击"确定"按钮，效果如图9-389所示。

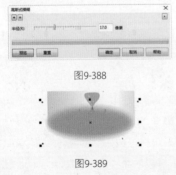

图9-388

图9-389

（9）选择"选择"工具，选取图形，按

Shift+PageDown组合键，将位图置于底层，如图9-390所示。用相同的方法绘制其他两个包装图形，效果如图9-391所示。

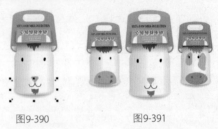

图9-390　　　　　　图9-391

（10）选择"矩形"工具，绘制一个矩形，如图9-392所示。选择"编辑填充"工具，弹出"编辑填充"对话框，单击"PostScript填充"按钮，选择需要的填充样式，其他选项的设置如图9-393所示，单击"确定"按钮，效果如图9-394所示。选择"选择"工具，将包装图形拖曳到适当的位置。牛奶包装制作完成，效果如图9-395所示。

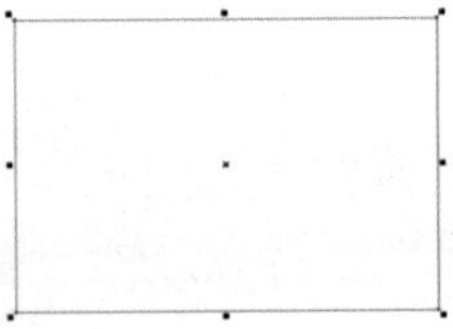

图9-392

图9-393

图9-394　　　　　　图9-395

课堂练习1——制作水饺包装

练习1.1 项目背景及要求

1. 客户名称

念念食品有限公司。

2. 客户需求

念念食品有限公司是一家专业速冻食品生产企业，致力于让消费者吃上放心的速冻食品。公司现推出手工牛肉水饺，需要制作食品包装。包装设计要求符合食品特点，并且能引人食欲。

3. 设计要求

（1）包装要求色彩鲜艳，突出主题文字。

（2）使用食物图像，与文字一起构成丰富的画面。

（3）设计要求表现本产品美味、健康的食品理念。

（4）要求对文字进行具有特色的设计，使消费者快速了解信息。

（5）设计规格均为297mm（宽）×210mm（高），分辨率为300 dpi。

练习1.2 项目创意及制作

1. 素材资源

图片素材所在位置：本书学习资源中的"Ch09/素材/制作水饺包装/01~06"。

文字素材所在位置：本书学习资源中的"Ch09/素材/制作水饺包装/文字文档"。

2. 作品参考

设计作品参考效果所在位置：本书学习资源中的"Ch09/效果/制作水饺包装.cdr"，效果如图9-396所示。

3. 制作要点

使用贝塞尔工具、矩形工具、导入命令和图框精确裁剪命令制作包装袋，使用文本工具、文本属性泊坞窗和轮廓图工具制作包装名称，使用矩形工具、转换为位图命令和高斯式模糊命令制作阴影。

图9-396

课堂练习2——制作CD包装

练习2.1　项目背景及要求

1. 客户名称

自然人音乐制作室。

2. 客户需求

自然人音乐制作室是一家涉及唱片印刷、唱片出版、音乐制作、版权代理及无线运营等业务的音乐制作室，公司即将推出黑胶经典老歌的音乐专辑，需要制作专辑封面。封面设计要围绕专辑主题，注重专辑内涵的表现。

3. 设计要求

（1）包装封面使用自然美景的摄影照片，使画面看起来经典怀旧。

（2）整体风格应贴近自然。

（3）通过包装的独特风格来吸引消费者的注意。

（4）设计规格均为297mm（宽）×210mm（高），分辨率为300 dpi。

练习2.2　项目创意及制作

1. 素材资源

图片素材所在位置： 本书学习资源中的"Ch09/素材/制作CD包装/01、02"。

文字素材所在位置： 本书学习资源中的"Ch09/素材/制作CD包装/文字文档"。

2. 作品参考

设计作品参考效果所在位置： 本书学习资源中的"Ch09/效果/制作CD包装.cdr"，效果如图9-397所示。

3. 制作要点

使用色度/饱和度/亮度填充图片颜色，使用文本工具、立体化工具为文字添加立体效果，使用阴影工具为文字添加阴影效果。

图9-397

课后习题1——制作化妆品包装

习题1.1 项目背景及要求

1. 客户名称

RE LEAF化妆品有限公司。

2. 客户需求

RE LEAF化妆品有限公司是一家以经营各类化妆品为主的公司，现新款芦荟型护手霜上市，要求设计护手霜的外包装。护手霜是平时常用之物，设计要求简便易携，清新干净。包装要求既要符合公司传统特色，又要具有创新。

3. 设计要求

（1）包装风格要求携带方便。

（2）字体要求简单干净，配合整体的包装风格，使包装更显高端。

（3）设计要求简洁大气，图文搭配编排合理，视觉效果强烈。

（4）以真实简洁的方式向观者传达信息内容。

（5）设计规格均为210mm（宽）×297mm（高），分辨率为300 dpi。

习题1.2 项目创意及制作

1. 素材资源

图片素材所在位置： 本书学习资源中的"Ch09/素材/制作化妆品包装/01"。

文字素材所在位置： 本书学习资源中的"Ch09/素材/制作化妆品包装/文字文档"。

2. 作品参考

设计作品参考效果所在位置：
本书学习资源中的"Ch09/效果/制作化妆品包装.cdr"，效果如图9-398所示。

3. 制作要点

使用矩形工具和渐变填充工具制作背景效果，使用贝塞尔工具、透明度工具和图框精确剪裁命令制作瓶身，使用矩形工具、椭圆形工具、贝塞尔工具和渐变工具制作瓶盖，使用矩形工具、文本工具、填充工具添加商标和宣传文字。

图9-398

习题2.1 项目背景及要求

1. 客户名称

菲林农场食品有限公司。

2. 客户需求

菲林农场食品有限公司是一家专门经营干果小食的公司，近期新季核桃上市，需要为该款核桃制作外包装，要求设计适用于一个系列的产品，美观简洁。

3. 设计要求

（1）核桃的包装中要求使用透明的包装纸，能够直观地让消费者看到产品。

（2）色彩搭配要符合系列产品的特色。

（3）核桃的包装文字清晰直观，使人一目了然。

（4）设计要求简洁大气，图文搭配编排合理，视觉效果强烈。

（5）设计规格均为285mm（宽）×210mm（高），分辨率为300 dpi。

习题2.2 项目创意及制作

1. 素材资源

图片素材所在位置：本书学习资源中的"Ch09/素材/制作干果包装/01~05"。

文字素材所在位置：本书学习资源中的"Ch09/素材/制作干果包装/文字文档"。

2. 作品参考

设计作品参考效果所在位置：本书学习资源中的"Ch09/效果/制作干果包装.cdr"，效果如图9-399所示。

3. 制作要点

使用贝塞尔工具和图框精确剪裁制作包装正面背景，使用文本工具添加包装的标题文字和宣传文字，使用形状工具调整文字间距，使用模糊命令和透明度工具制作包装高光部分，使用插入条形码命令插入条形码。

图9-399